纺织服装高等教育"十三五"部委级规划教材

服装设计管理

（新形态教材）

彭梅　陈丹　编著

东华大学出版社

·上海·

图书在版编目(CIP)数据

服装设计管理/彭梅,陈丹编著. —上海:东华
大学出版社,2020.9
ISBN 978-7-5669-1768-3

Ⅰ.①服… Ⅱ.①彭… ②陈… Ⅲ.①服装设计-管
理-教材 Ⅳ.①TS941.2

中国版本图书馆 CIP 数据核字(2020)第 136087 号

责任编辑　徐建红
装帧设计　贝　塔

服装设计管理
FUZHUANG SHEJI GUANLI

彭梅　陈丹　编著

出　　　　版:东华大学出版社(地址:上海市延安西路 1882 号　邮政编码:200051)
本 社 网 址:http://www.dhupress.net
天猫旗舰店:http://www.dhdx.tmall.com
营 销 中 心:021-62193056　62373056　62379558
印　　　　刷:苏州望电印刷有限公司
开　　　　本:889 mm×1194 mm　1/16
印　　　　张:7
字　　　　数:240 千字
版　　　　次:2020 年 9 月第 1 版
印　　　　次:2020 年 9 月第 1 次印刷
书　　　　号:ISBN 978-7-5669-1768-3
定　　　　价:58.00 元

时光流转　不忘初心

——代序言

　　我与彭梅女士相识多年，亦师亦友，同城工作，虽然不同院校，但都从事艺术设计专业教育工作，设计圈子就那么一点大，经常在会议、研讨等活动会上相遇，少不了要谈谈设计管理，议议设计教学，诉诉流程艰辛。接触多了话题也就宽了，常常就某一新品牌、某一新装束、某一新管理理念而神侃聊天，她对"设计"有自己的专业见解，对"管理"也执着地深层研究，也许正是她的这种近似痴迷的不懈投入与探讨求解精神，成就了这本《服装设计管理》的问世。足见其对当今服装设计事业的满腔热情。年初，她将新作《服装设计管理》初稿让我审读，令我获益匪浅，也感受到彭梅女士在这个时尚流行的年代，仍不忘设计以人为本的初心，及其研究设计的专业责任感。

　　说实话，我作为一位工业设计师，精通设计，却对服装设计管理一类的话题并不太熟悉和在行。但在现实生活中我又无时不在"服装品牌、服装设计、服装营销"的大网笼罩下生存，感触特深。凭着专业设计触类旁通的特点以及对设计的敏感性，应该说，我读懂并领略了彭梅女士这部著作的精神。

　　设计管理作为一门学科的出现，既是设计的需要，也是管理的需要。所谓设计管理，其宗旨就是通过管理设计，令设计师、工艺师、管理者及消费者携手合作，针对不同的设计方案深入研究做出正确的决策，从而获得最佳的结果，提高企业的经济效益。设计管理的核心基点是"以使用者为着眼点，进行资源的开发、组织、规划与控制，以创造出有效的产品、有效的沟通与环境。"人们永远不会满足现状，总是千方百计地要将自己的理想和信念进行物化。一个企业的成败与否，往往和这种越来越高的物质与精神需求相关联，取决于他们产品设计是否对路，而产品设计的适销对路又有赖于企业领导层对设计管理的深刻认识与有效决策。这是关键中的关键！设计管理对我国企业发展的巨大影响，已表现得非常明显，甚至可以说，它对一个企业的发展兴衰起着举足轻重的作用。急功近利、目光短浅的管理已经导致对技术性因素的盲目依赖，对非技术性因素的过分漠视，这对企业的健康发展无疑是一个严重的隐患。只有管理得好，才能发挥设计的力量与价值，只有抓好设计管理，企业才能真正在日益剧烈的市场竞争中脱颖而出。

纵览全书,作者循序渐进,以第一部分基础篇、第二部分战略篇、第三部分计划篇、第四部分执行篇四大部分着手依次详尽论述服装设计管理的重要性和程序方法。基础篇论述了设计管理的基础概念;战略篇以品牌案例阐述目标消费层分析与定位、品牌设计战略与品牌策划;计划篇通过著名案例和人物访谈详细论述了服装设计的程序管理、任务管理、时间管理、成本管理;执行篇探讨了服装设计团队管理、沟通管理、品质管理和风险管理,以及如何从服装设计管理角度来塑造品牌产品,使其具有强大的竞争力。这四大部分是作者在服装教育、服装设计、服装管理等领域长期积淀的实战经验与理论思考的结果,其中不乏成功喜悦与过失沮丧的总结。

彭梅女士在《服装设计管理》里,以其深刻的体验、独特的眼光审视当今批量生产的服装产品设计、品牌与管理之间的关系,指出服装产品与一般的产品不一样,它最显著的特性就是变化无常,对外界各种因素都极为敏感,流行周期短,消费需求丰富,用户体验细腻。所以,服装设计流程依据不同的用户群、不同的品牌模式,都会有很大的不同。她在书中将"设计、管理"两者合为一体展开了实战体验与理论探讨。如何来准确地解读设计? 解读管理? 她在计划篇中以两个不同性质品牌的案例进行对比和说明:一个是世界顶级的服装奢侈品牌迪奥(设计型品牌),一个是目前发展极为迅猛的零售新军名创优品(买手型品牌)。阐述两个品牌不同的设计管理与经营模式,从而引导读者思考服装设计管理的模式。设计型品牌和买手型品牌设计过程的管理模式孰好孰坏? 彭梅女士并没有下定论,前者历经半个多世纪,依然是世界上最顶级、最美丽的品牌之一;后者则在短短的五年内迅速崛起,在全球开店数千家,成为全球零售业萧条背景下的一道奇观。

观念的变革、新材料的发明、加工制造技术的提升都对服装设计创新起着重要的促进作用。但在硬件之外,如何提高产品的品质、增强产品价值,以及如何调查用户需求、开发创造新的市场,服装设计管理起着不可忽视的作用。彭梅女士在书中提出了一个很重要也很可贵的观点:要重视顾客生活形态的研究,洞察顾客的潜在需求。设计师必须明确技术是为实现目标而服务的,技术是为人服务的,应避免为技术而忽视了以人为本的初衷。

彭梅女士的这本著作以实践案例的贯穿为特色,从服装设计管理的定义、范畴、过程的价值、内容及其他相关因素的关系等几大方面,深入阐述了服装产品创新的实践内涵,具有很强的实用性,具体表现在以下几个方面:

首先,本书贴近市场,贴近企业。案例融入了作者丰富的设计经验与长期的理论积淀,与本书的理论内容相呼应;作为专业学过服装设计,又潜心钻研服装设计管理的学者,作者能运用市场学的观念不断地分析研究消费市场的发展趋势,细分出不同阶段的管理目标。

其次，本书内容新颖，随着经济的不断发展、生活水平的不断提高，人们对生活必需品的需求也发生了变化，企业竞争力就是企业在开发产品过程中深度管理的能力，重视深入社会生活、观察体验消费者日益增长需求的能力，以及由此达到创造更新、更科学、更健康的生活方式的能力。本书案例涉及服装设计、服装品牌策划、服装营销等领域的内容，且部分领域目前仍处在研究的初步阶段，亟待持续研究和总结。

彭梅女士完成《服装设计管理》的初稿后，几次诚邀我为其新书作序，出于对年轻设计师和教师不断自我学习、刻苦钻研的进取精神的敬重，我欣然应承，也当作一次学习，是为序。

汤重熹

注：本序言作者为中国工业设计协会副会长，清华大学设计战略与原型创新研究所副所长，广州大学工业设计研究所长、教授。

前　言

　　设计管理是一门交叉性的新兴学科,从 20 世纪 60 年代由英国皇家艺术界率先提出概念,到 20 世纪 90 年代其理论在欧美快速发展也就几十年,通过几十年的研究和实践,设计管理的思想和方法对欧美国家设计和设计行业的发展起到了极其重要的作用。

　　设计管理的理论引入中国较晚,国内学者开始研究设计管理应该在 2000 年左右,到现在也只有短短十几年的发展历程,至今,相关研究理论仍在不断完善中。而服装设计管理理论的发展更是迟缓,究其原因,一是其所涉及之内容太广太琐碎,二是服装行业具有日新月异、时尚变化快的特点,面临的问题不断变化,设计管理模式不断更新迭代。所以,想要完成一本既涵盖整体理论内容,又结合行业发展新状态的服装设计管理方面的教材,难度极大。本书的写作正是一次挑战高难度任务的尝试,前后几经易稿才有了现在的版本。

　　本书从教材的角度写作,尝试将设计管理理论进行整体概括,将不同的服装设计管理模式的案例进行剖析,理论结合实践,深入浅出地引导读者对服装设计管理进行学习。

　　在内容上,本书分四大模块:基础篇、战略篇、计划篇、执行篇。基础篇从设计管理概述着手,介绍服装设计管理的体系、服装设计部门的业务及服装设计部门与各部门的关系等;战略篇从宏观的视角介绍服装设计项目的目标消费群分析与定位、服装设计战略与品牌形象、品牌定位创新与拓展等;计划篇从控制统筹的角度介绍服装设计开发程序管理、任务管理、时间管理、成本管理等;执行篇则从实战面临的具体问题之角度介绍服装设计团队管理、沟通管理、品质管理和风险管理等。四大模块从宏观到微观,层层推进,既便于读者理解,又符合实际的问题逻辑。

　　对设计管理的研究开始于笔者研究生学习期间,有幸受教于中国最早开始设计管理研究的前辈们,在广州美术学院尹定邦教授、武汉理工大学陈汗青教授、广州大学汤重熹教授等导师们的引领下,让我涉足到设计管理的研究领域,完成了以服装设计管理为课题研究方向的毕业论文,并由此产生了将其编撰成教材的初衷。在此感谢各位导师在学术领域的引导,特别要感谢的是汤重熹教授,每次的交谈都让我醍醐灌顶,受益良多,百忙之中还为书作序,从他身上学到的不仅是如何做学问,更有如何做人。

　　算算从最初开始着手计划书稿到现在十年有余,也算是十年磨一剑。虽然期间因为各种原因有所间断,也曾因一些问题的困惑而想放弃,毕竟国内有关设计管理理论的书籍不多,而结合服装行业特性的服装设计管理书籍在国外都较少,所幸最终坚持了下来。特别是后期有幸邀请到陈丹老师的加入,让本书的思路更加清晰,也让内容更加丰富和实用。感谢邹岚老师在相关案例 Zimple 品牌上的贡献,也感谢梁卉莹、谭国亮、尹娜、王霄凌、杨翠钰、闫艳、周兮等其他给予我支持的同事们。

　　感谢 Zimple 品牌艺术总监阮志雄(Kelvin Un)先生为本书提供了 Zimple 品牌的大量图片和相关设计管理资料;感谢名创优品的窦娜女士、陈洁雯女士和廖谨女士为本书提供了名创优品品牌的相关资料;感谢 REINDEELUSION 的邝嘉伟先生,他不仅为本书提供了 REINDEELUSION 品牌的相关资料,还根据本书的章节内容制作了详尽的管理图表,使本书的内容更加丰满。

　　最后,感谢梁秋华、廖蓓蓓、杨丽萍、李潇、古丽珠同学对资料的整理和校对。

　　由于研究水平和研究条件有限,本书还存在一些不足需要改进和完善,也望广大读者朋友及同行专家不吝赐教,共同探索。

彭　梅

目　录

第一部分　基础篇

第二部分　战略篇

第一部分

基 础 篇

第一章 | 设计管理概述

设计与设计管理

关于设计

设计是什么？设计是英语 Design 在现代汉语中的翻译词，指的是设想、运筹、计划与预算，它是人类为实现某种特定目的而进行的创造性活动。设计是将设计美学与顾客需求加以结合的行为，设计的终极目标永远是功能性与审美性。现代企业如果其产品设计不佳，不论其生产管理与营销部门多优秀，也很难生产畅销的产品，现代企业的效益与设计部门的关联越来越密切。可以说，设计是企业经营的关键。

关于设计管理

随着企业设计工作的日益系统化和复杂化，设计活动本身也需要进行系统的管理。"要获得好的产品，不仅需要设计，也需要管理。"在设计过程中，设计师的专业技能当然是重要的，但所设计的产品更需要满足企业、消费团体及个人的需要，这个过程也需要计划、组织、指挥、控制和协调等系统职能的管理。因此，设计管理同企业的其他管理一样显得重要，需要通过有效的管理，保证企业设计资源充分发挥效益并与企业的目标相一致。设计管理将设计学和管理学紧密联系、相互融合，进而提出了设计管理的理论架构。

设计管理的第一个定义由英国设计师 Michael Farry 于 1966 年首先提出，"设计管理是界定设计问题，寻找合适设计师，且尽可能地使设计师在既定的预算内及时解决设计问题"。他把设计管理视为解决设计问题的一项功能，侧重于设计的导向，而非管理的导向。其后，Turner（1968 年）、Topahain（1984 年）、Oakley（1984 年）、Lawrence（1987 年）等学者都各自从设计和管理的角度提出了自己的观点。

设计管理作为一门新学科的出现，既是设计的需要，也是管理的需要。设计管理的基本出发点是提高产品开发的效率。对企业的设计师来说，设计不是艺术家的即兴发挥，也不应是设计师的个性追求。在现代的经济生活中，设计越来越成为一项有目的、有计划，且与各学科、各部门相互协作的组织行为。

简而言之,设计管理研究的是如何在各个层次整合、协调设计所需的资源和活动,并对一系列设计策略与设计活动进行管理,寻求最合适的解决方法,以达成企业的目标和创造出有效的产品(或沟通)。

设计管理在欧洲主要以英国、意大利和法国为代表,在亚洲主要是以日本为代表,在美洲主要是以美国为代表。

设计管理在国外的发展

设计管理在亚洲

日本是设计管理在亚洲的主要代表。众所周知,第二次世界大战中日本是战败国,其经济受严重影响,1950年其工业产值仅占资本主义世界的1.4%。但是其国民经济恢复非常快速,短短几年时间其国民生产总值和按人口平均计算的国民生产总值就已分别恢复到战前的水平。之后其经济更是快速发展,国民生产总值的年平均增长率在20世纪50年代达22.8%,60年代达11.1%,70年代为5.3%,这些都显著高于同时期美国与西欧各国的发展速度。

日本是一个岛国,国土面积较小,国内资源贫乏,能源和矿产资源等主要依赖国外进口,因此日本企业都非常重视设计,在大力培养设计人才的同时,也极力提高设计管理的水准。

在1957年左右,日本开始迈入高速经济成长期,同时在企业中也逐渐形成了独特的日本式管理模式。在日本,多数的管理模式由欧美引进而名词仍以英语表示,惟独"设计管理"一词例外。

当时,在日本为适应设计业务的急速扩展,各公司都依赖录用的设计人员增强设计力量,但仍然技术力量不足,为了提高设计部门的生产力,提出了设计管理,同时趋向普及化。

事实上,每个企业对于设计的期待都过大,经常超越实力,因此,设计部门往往成为最忙碌的部门。而对于企业来讲,设计水平的提高不能单单靠个体设计师水平的提高,如果没有合理的管理制度和设计管理方法,即使拥有极富才能的设计师,也难以发挥其潜力,他们一起工作时反而会因为内耗而影响整体设计能力,这是设计部门常常遇到的问题。此外,由于潮流的变化周期越来越短,造成各个企业的设计部门安排设计的时间越来越短,合理的管理才能提高效率,这也成为日本企业界对设计部门管理的研究出现迫切需要的原因之一。

日本的设计部门管理模式是有机式组织结构管理的代表,设计管理与日本企业并行发展,至今仍在持续发展中。目前,日本的多数产品在国际上极具竞争力,可以说是与其有一套独特的设计管理模式有直接的关联。日本在设计管理上的模式有以下几种:

依靠内部培训优化人力资源配置

不同于西方开放式用人方式,日本企业相对封闭性强,内部培训是满足企业对设计人才需求的主要方式。认为高素质的设计师,只要经过培训,就能胜任更多的设计工作。

情感式人力资源管理

日本设计管理重视在企业内建立良好稳定的人际关系及情感上的互动,是管理的主要手段。设计主管与设计师之间、雇主与雇员之间、设计师之间,除了工作上互相配合、通力协作外,还注重不断增强相互间的亲密感和信任感,努力创造一个友好、和谐和愉快的气氛,使设计师有充分的安定感、满足感、归属感,在工作中体味人生的乐趣和意义。

内部激励为主的设计管理

日本企业一般采取终身雇佣制度,不轻易解雇员工。在重视使用外部激励同时,更多地使用内部激励,发挥内酬的作用。物质激励是弹性工资,员工收入的25%左右是根据企业经营状况得到的红利。

设计管理在欧洲

由于文艺复兴时代以来的传统艺术影响,欧洲尤其是意大利人、法国人的感性设计使其成为国际一流品牌盛产地,纺织产业、首饰及眼镜等饰物制造、家具等装潢、皮革加工等的水准也很高,因此在这些时尚领域的设计管理值得研究。

在1912年出版的经典著作《经济发展理论》中,第一次将创新视为现代经济增长的核心,而创新则是设计的核心,这成为世界经济研究上的一个重大突破。此后,针对创新这一概念,学者们提出很多有关概念,我们不管它们的区别,单看他们的共同点:

· 创新的目的——是为企业带来更大的效益;
· 最好的创新——是在企业现有条件下带来经济效益的创新。

既然设计的创新已成为现代经济增长的核心,对设计管理的研究也自然成为欧洲管理学者的关注,欧洲是最早提出设计管理概念的地区。国际设计界产品设计素负盛名的B&O公司,按常理该公司应该有大量的设计师,但其固定设计师很少,而是通过精心的设计管理来使用自由设计师,建立公司独具特色的设计风格。虽然公司的产品种类繁多,并且设计师来自不同的国家,但每个设计都具有B&O的风格,这就是其设计管理的成功之处。

设计管理在美洲

设计管理在美洲主要是以美国为代表。美国设计管理协会之研究主管Freeze (1992)强调:管理教育者应逐渐了解将设计视为企业资源的重要性,在MBA课程中加入设计管理课程。普瑞特艺术学院(Pratt Institute)鉴于设计实务中设计管理的重要性,为具设计实务经验的设计师开设了设计管理硕士的课程。

美国的设计部门管理模式是机械式组织结构的典型,其特点如下:

主要依赖外部劳动力市场的人力资源配置。美国企业具有组织上的开放性,市场机制在人力资源配置中发挥着基础作用。

实现高度专业化和制度化的人力资源管理。美国企业管理的基础是契约、理性,重视刚性制度安排,组织结构上具有明确的指令链和等级层次,分工明确,责任清楚,讲求用规范加以控制,设计部门分工精细、严密,专业化程度很高。

人力资源使用上,采取多口径进入和快速提拔。美国设计管理重能力,不重资历,对外具有亲和性和非歧视性。

以物质刺激为主的人力资源激励。美国设计管理多使用外部激因,少使用内部激因,重视外酬的作用。认为设计师工作的动机就是为了获取物质报酬。

课后习题

调查设计管理在中国的发展状况。

第二章 | 服装设计部门业务

服装设计的阶段

　　服装产品设计一般指公司根据一定的市场定位而为特定的顾客群设计服装产品。服装产品设计的过程即自主开发者首先依据市场的需求而进行市场调查,锁定有潜力的消费人群,再由服装设计部门策划能适合目标顾客群要求的产品,然后整理为"产品定位策划书",评价讨论后进行相应的服装设计日程安排和人员安排。策划阶段与产品构想的阶段统称为"概念设计",以后即成为"基本设计"和"细节设计"。

　　首先从设计一个款式的工作程序来具体看看以上概念的区分。当春夏或秋冬的产品策划书出来之后,最初在服装设计者的脑海中,只具有某类型的形象而已,也就是按假设的某类消费群所喜好的形象而归纳出几个系列方向的产品,虽欲表示更具体的造型,但此时只能是描绘大概的草图,通常用气氛图来表示,在此阶段称为"概念设计"。然后由概念设计进一步延伸,从每个不同的大类的风格方向出发,确定具体设计需要的元素,并逐渐完成具体的造型结构,以表现整体结构的效果图来表达,此种状态称为"基本设计"。最后由效果图细化到决定构成整体的全部面料、里料、配料、辅料等材料的配合、板型的确立、结构尺寸的推敲、工艺的设计及配合处理等,这最后阶段称为"细节设计",通常用平面结构图来表达。有时将此全部过程称为"构思、设计、制图",或仅称为"设计"。

　　以下分别简述概念设计、基本设计、细节设计三种设计阶段:

概念设计

　　概念设计英文称之为 Concept Design,又称为构思设计。概念设计是将产品的形象与风格使用图片粗略描绘的阶段,其中只涉及风格的表现,通常用气氛图的形式表现,为服装设计最有创意的工作阶段。

基本设计

　　基本设计英文称之为 Basic Design。有时概念设计(构思设计)亦包含于此阶段。在这样的阶段,将产品的粗略形态、结构关系、长短比例等以穿在人体上的效果来表现,也就是服装设计师通常所画的设计效果图。此阶段设计是将概念设计具体化的过程。

细节设计

　　细节设计英文称之为 Detail Design,有时又称细部设计。具体是服装设计师依据效果图决定各部位的具体结构设计,同时也决定并标注细部的尺寸、工艺的配合处理及各种决定设计效果的细节设计,在此阶段是将服装设计具体到如何完成成品的关键阶段,通常以平面结构图和局部细节图的形式来表达。

服装设计的范围和过程

服装设计的范围

　　服装设计的范围由公司设计对象的不同而有所不同,概括的可以分为两大类:面对特定市场消费群体自主开发的产品设计和应顾客所需接受订制的设计。由于顾客与设计上的关系,将前者称为"自主开发产品设计",简称产品设计,后者称"定制设计"。

　　有人会认为定制设计与市场产品设计完全不同:接受定制的策划是针对特定存在的顾客,但自主开发策划是以不特定顾客为对象。其实这样的想法是错误的,事实上两者的设计看似不同,其实极为相似。因为大批量生产的产品,当潮流改变时需不断再次设计,而设计内容每次皆不同,与定制设计面对不同顾客时要不同设计是一样的状况。以此观点而言,个别定制生产的设计与批量的产品设计实质上并无两样。服装设计管理无论针对哪种类型的设计,都是以每一种产品皆为顾客服务为前提的创新性工作。

　　自主开发产品随市场的成熟化而需细分市场,以配合市场需求的"多样化"发展,因而产品设计也越来越接近中、少量的订单生产;定制产品为提高生产效率,加强标准化与共同化,努力将顾客进行分类,从而与大批量的市场产品生产接近。因此,自主开发产品越来越多样化,而定制产品则越来越发展为标准化,由此两者越来越接近。

　　当然,个别生产的设计与大量生产的设计,并非完全无差异,而产生大差异的原因在于顾客即服务对象的不同。由顾客实际出发的定制设计,与假设顾客的产品设计,其设计活动的工作方法常有不同。

服装产品设计过程

　　服装产品设计的过程通常是按阶段来进行,服装产品设计的策划阶段与产品构想阶段的过程分为"概念设计"、"基本设计"及"细节设计"。

产品设计是新产品开发的第一步,在开展新产品设计决策时,应做好如下两点:

准确分析市场

开发新产品是为了最大限度地满足目标顾客的需要,现代的市场观念已经进入个性化的时代,要想取悦于所有的消费者是不可能的,因此消费群的设定显得尤为重要。尤其是要以消费者潜在的需要为出发点,提出产品设计的新构思,也就是创新设计。合理处理服装产品的材质设计、结构设计、工艺设计、包装设计、广告设计以及营销策略设计等,也就是基于市场的开放性设计。

正确应用新技术和潮流信息

设计师不能简单认为创新设计仅仅是款式的创新,对新工艺、新面料的选择也十分重要,但又不能片面追求采用最新工艺技术,最主要的是新产品尽快上市占领市场。同时也应该认识到对于潮流信息,也不是越时尚新潮越好,对于潮流信息的选用比例要根据公司所定位的人群的潮流敏感度来决定。

下面几方面是产品设计中除款式设计外,设计师更要重视的技术手段:

功能性设计。随着人们生活水平的提高,生活方式发生很大的变化,对一种服装产品是否适合穿着场合的功能要求越来越高,比如以前简单设计的运动服现在细分为跑步服、篮球服、足球服、健身服、自行车服等,礼服细分出演出服、婚礼服、小礼服、晚礼服等。是否适合特定场合的特定需求,是人们在选择服装商品时的一大标准。企业在开发新产品时,在外型设计时要多注重功能设计,以满足人们生活、情感的需要。

结构性设计。新产品的结构是否合理,关系到服装产品造型的美观性,也关系到服装穿着的舒适性。设计部门应注重产品内在与外观两个方面的结构设计工作,使产品更适合于时代潮流的发展,满足人们追求舒适感的需要。

工艺性设计。新型的面料及工艺设计的运用,不仅能提升新开发的服装产品的质量,而且能增加服装产品的经济效益。有了新型合理的工艺,新产品能成为市场上有引导性的新商品。因此企业应把对工艺性设计的要求作为一项重要的工作加以重视。

营销性设计。在现代服装产品的开发过程中,由于大量新元素、新工艺的应用,使得服装产品变得丰富多彩,竞争激烈。因此,在服装产品开发时,不仅要注重功能、结构等方面的设计,而且应把服装产品的营销设计加以重视,并且在新产品上市的全过程中体现出来。营销设计的内容决定着服装产品市场的占有率,它包括广告、销售手段、促销方式甚至上架方式、展示设计、橱窗设计等,使服装产品开发更加深入、全面。

服装定制设计过程

政府、地方公共团体、社团、个人等需要设计特定服装,此类设计必须配合工作性质、工作场所的状况等,设计时须考虑一定条件,所以设计必须配合外在状况,顺从和表现顾客的意图,因此这类设计属于定制设计。

有时企业本身不自行设计产品,而是给出计划将设计委托外界,于承接定单的厂商或设计工作室而言,此类设计也属于"定制设计"。

简单而言,定制设计特征是配合特定顾客专有的用途而设计。因此,定制设计首先应确认发单人的意图,有时可由发单者提供"设计意向书"。而接单者将设计的内容记载于"定制表",并交于客户确认,从合同上我们可以将发单方和接单方简单称为甲方、乙方。

对于不管是个人还是团体的定制设计,最重要的是有关具体的设计内容应使甲方与乙方双方皆同意而达成一致。因此,在设计阶段,双方需反复沟通确认,一边确认设计内容,一边进行设计。有时在设计进行中,由于客户的需求,必须中途变更设计内容,所以双方确认"设计变更书"的环节极为重要。

对于团体的定制设计,为配合甲方的意图,通常乙方接单前要准备投标书,设计内容应包括规格书、款式效果图、主要面辅料、工艺要求等,待成本核算后提出价格及其他条件。这时的设计稿要求能最大程度地表达设计师的意图,必须能正确将设计师的意图传达到顾客那里,所以绘制效果图相当重要,以前是以手绘为主,对设计师的绘画功底要求很高,现在通常用电脑来完成。此阶段设计部门准备的内容近似"概念设计"。

"基本设计"和"细节设计"是在接单后,乙方须深入理解"设计意向书"、倾听客户意见,多次商讨后再进入具体的款式设计。服装设计稿必须绘制完整的服装设计图和组合的款式图,包括基本设计效果图、款式的详细结构图、局部细节图等。这些设计稿要求能最大程度的表达设计师的意图,必须能正确将设计部门的工作传达到物料或生产部门。

服装设计部门的业务分析

服装设计部门的实际业务状态

在对服装设计管理做进一步的了解之前,应该先对服装设计部门的业务以及服装设计师做什么有些概念(表2-1)。

表2-1　服装设计部门的业务

大分类	小分类		业务内容
基本业务	基本设计业务		各方调研商讨、设计战略构思、策划书制定
	详细设计业务		详细设计、细节图、结构图、说明书、图面订正
管理业务	企划管理业务	品质管理业务	设定设计品质风格目标、品质风格检验、试穿设计、品质风格评价、差异分析
		成本管理业务	成本预估、成本检验、降低成本
		日程管理业务	日程计划、进度推进报告

大分类	小分类		业务内容
管理业务	附带资料管理业务	标准化业务	技术标准、修订、分发
		技术资料管理业务	收集资料、保管、借出
		图稿管理业务	图稿登录保管:设计图、工艺图、制板图
	经营助理业务	文书管理业务	来往文件、资料保管
		人事、组织管理业务	人事计划、录用、考核、教育训练、业务规定、组织分担
		预算管理业务	部门费用预算、投资计划、实施
		效率化业务	CAD运用、改善布置、设计管理指标
关联业务	产品策划书	产品营销企划书	市场调查、产品营销企划
		研究开发	研发、试板
	生产活动	生产技术	工艺要求、制板
	资材活动	资材采购	购入面料、辅料配料计划
	营销活动	宣传、售后服务	产品目录制作、橱窗设计、展示设计、广告设计、销售服务援助

在着手服装设计之前,需与顾客或物料厂商、工艺厂商接触,或与有关机构联络,同时设计内容亦须频繁商讨,也需要调研及搜寻资料,或整理资讯等,以配合完成所需要的各种设计任务。在设计完成之后,还要与板师、样衣工紧密配合,商讨工艺的处理、板型的确立等。此外,服装设计部门的业务还须含文书的处理业务、设计样板的整理保存、人事管理业务以及与其他部门相关联业务等,极为复杂和琐碎。

很多人认为"服装设计必定从一张白纸开始",其实在99%的新产品设计的个案中,更多的是由现有服装产品衍生出来的。因此,服装产品的设计不是完全从灵感开始,而更多的是从企业的原有产品开始,从消费者的需求调研开始。

留意有关服装设计的描述,着重在于关注消费者的需求,服装设计必须清楚地定义这些需求;服装设计师很少全部备有他们需要的资料,因此他们必须知道自己如何去寻找资料,所以服装设计是一个较广泛的活动,比一般想象中更为复杂。

设计服装产品的能力可概括为:了解消费者需求、渴望、品味及爱好的能力,选择正确的材料或面料及制造工艺的能力,创造完全合乎审美观念、人体工程学、品质及经济效益的服装产品的能力,以及能用设计图与企业内其他工作人员沟通的能力等。

所谓掌握消费者的需求,毕竟是通过大量的调查和信息的分析来确定的,有一定的预测性,且产品问世在其后,所以服装设计师能预测消费者的生活形态的变化显得很重要,但预测不是凭空想象,而是建立在大量调查工作的基础上。

这里要强调的是，服装企业的设计必须注意或者始终强调设计要有价值。有几个问题是必须要向服装设计师提出的：

- 是否明白消费者的不满就是设计的起点；
- 设计是否满足消费者的生活方式需求；
- 设计是否具有使消费者提升自身价值的具体元素。

简单来说，通常企业的服装设计是由服装策划开始，确立策划和主题后，进入到具体的设计工作。思考服装设计管理时，首先必须考虑的事是了解服装策划。由于策划的特性不同，其管理方式各异。

服装策划与主题

所谓"策划"，即以具体化的消费者为设计对象，了解其喜好和生活方式之后，再了解其最大可能会选择的服装类型风格，并同时考虑其经济方面的可行性，然后根据企业的利润要求，决定可以选择的物料和工艺手段。一般而言，策划服装产品企划时，通常会采用将整个策划分解为多个主题的方式，如广州某服装设计公司推出的 2017 秋冬乌托邦主题男装系列（图 2-1 和图 2-2）。

在整体策划和大主题形成之后，以单个小主题开始设计工作。设计师按该主题涉及的元素进行构思设计并绘制出服装草图，期间可以适当地对原策划的目标予以调整，然后成功地完成描绘服装款式的效果图。之后还要填写设计制单，绘制结构图，选择面料、配料，详细标注工艺细节，确定板型等，直到样板缝制出来设计才告初步完成。

图 2-1
广州某服装设计公司推出的 2017 秋冬乌托邦主题男装系列

扫以上二维码，
看图更清晰

图 2-2
广州某服装设计公司推出的 2017 秋冬乌托邦主题男装系列

扫以上二维码，
看图更清晰

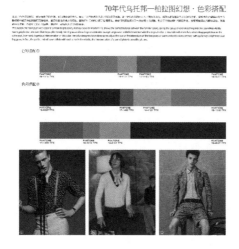

课后习题

　　请选择产品设计和定制设计两种不同设计范围的公司进行调研，分别写出其不同的服装设计过程并进行比较分析。

第三章 | 服装设计管理的体系

服装设计管理的定义

服装设计管理是服装企业为使服装设计部门提高效率,将其内部的各种业务进行体系化的整理,并使其组织化、制度化。

服装设计部门的工作除了主导企业的战略策划、市场定位等外,日常的工作主要就是服装设计。但设计师的工作,除设计外,还有很多其他的工作,比如市场信息的收集整理、潮流信息的收集整理、面辅料的选购、工艺厂商的接触等。服装设计管理是通过对设计工作进行管理,使其更有效率,将繁杂的事务变得次序化。

服装设计管理的价值

有些服装企业以一种随意的方式来对待服装产品的设计,缺乏系统的考虑。他们认为设计师能随时聘请到,对于设计师频繁跳槽并不在意,造成很多服装品牌的设计风格不稳定。

自IBM公司的总经理小托马斯·华生的名言"好的设计意味着好的企业"问世以来,企业的经理们已在原则上接受了这一思想,即好的设计是企业成功的关键之一。那么,服装企业如何才能产生好的设计? 怎样能使品牌获得成功? 答案就是在企业中进行有效的服装设计管理。

服装设计管理的价值体现在以下几个方面:

战略设计的价值

对于服装产品越来越丰富的时代,仅仅有款式的设计已经远远不够,能站在战略高度开展服装设计管理的企业,将市场信息、消费者信息、时尚信息、技术信息、销售信息等多方面信息整合而进行战略设计,是上层的服装企业。

创新设计的价值

过分追逐潮流的服装企业往往更容易被潮流抛弃,通过服装设计管理让设计师从消费者需求出发,发掘消费者的隐形需求,设计出满足消费者的创新产品。创新设计是提高品牌附加值的根本。

有序设计的价值

有效的管理能让工作变得更加有序,设计管理首先是合理地安排人员,让团队合作紧密。其次让产品设计流程更为合理,对设计活动的各个环节进行监督和控制,确保设计的进度和质量。有序的设计既减少了设计成本又提高了设计效率。

沟通的价值

沟通的关键是沟通的内容和沟通的方法。设计沟通不仅是在企业内部各部门之间的沟通、设计人员之间的沟通,更需要企业与社会之间、企业与客户之间建立有效合理的沟通,良好的设计沟通能增强企业的内部凝聚力,提高设计效率。

服装设计管理的内容

一般来说,服装设计管理包括两个层次,即战略性的服装设计管理和功能性的服装设计管理。

战略性的服装设计管理

企业设计工作各个方面相互交织的内在关系是十分复杂的,因为它几乎涉及企业的每一个细胞,必须在企业内部建立一种新的、有力的系统来管理设计。由于不同服装企业产品定位或业务范围的特点差异性很大,服装设计管理的组织结构也会各不相同。但总体而言,服装设计管理的组织结构应该是自上而下的,如果决策部门有人全权负责设计管理,统一协调企业各方面的设计活动,混乱的局面就不会发生。这就意味着在决策部门中至少有一位对设计有浓厚兴趣,并有一定管理水平的人士负责企业的设计工作,他在企业的高层代表设计,决定设计如何将企业战略转换为视觉形象,也就是做战略性的服装设计管理。这个角色在国外的服装公司通常是艺术总监或创意总监,比如法国香奈儿公司创意总监卡尔·拉格斐。

为了控制企业的统一形象,创意总监有必要为企业建立一套完整的企业设计指导性文件。这种文件通常是一套设计标准手册,用来控制企业的设计活动,全面、正确地体现企业精神、经营思想、发展战略。这套手册不仅应包括企业标志、标准色、标准字体等平面视觉要素及其应用规范之类企业识别计划体系的内容,还应包括企业产品设计、环境设计(店面设计)的指导原则及形态特征,以保证设计工作的连续性。

功能性的服装设计管理

功能性的服装设计管理可以确保服装企业具有一个运转良好的设计部门，使设计部门作为服装企业在设计方面的智囊，实施具体的设计任务。功能性的服装设计管理首先是从把服装设计部门的业务和服装设计部门的工作进行体系化整理开始，重新检查其设计策划、产品规划工作、人员构成以及分工的状况。然后是标准化的设计管理，比如确立服装板型、工艺方面技术资料管理，设计图纸及样板管理等附带业务，以及为更适应服装设计工作而改善工作环境、设计方式或设计部门的布局等。

功能性的服装设计部门管理是本书后面要重点讨论的部分，其体系可以归纳为服装设计的项目管理、服装设计师管理和服装设计的方法管理等。

服装设计项目管理

服装设计项目管理就是对服装企业在推进设计项目过程中的时间、费用和目标等多方面进行的管理。

服装设计项目管理除将设计的整体企划确定之外，还必须具备品质、成本、日程等的管理系统。

服装设计项目管理通常由那些被提升为设计经理或设计主管的服装设计师来负责，因为服装设计项目管理需要有服装产品设计方面的专业知识。在不少国外企业中，设计经理与财务经理、人事经理、销售经理一样，在企业中起着重要作用。为了做好服装设计项目管理工作，设计经理必须参与其他的设计管理活动。相对而言，服装设计项目管理还是一些较为简单的工作，正确把握服装设计业务的常态，将本公司的服装设计业务的流程和具体的内容明细化，然后合理分类。为管理好服装设计业务，可以将相关业务加以组织化，即包括设计工作场所的组织、设计人员构成及分工、设计图纸与技术资料的整理、设计任务书的确定、设计进度的安排、时间及成本的控制等。

服装设计师管理

服装设计人员或设计小组的管理是服装设计管理的重要一环，因为服装设计是通过设计师们来完成的。服装设计师或设计小组的管理主要有服装设计师的选择和确定服装设计师的组织形式两方面的工作，其对于保证服装企业品牌的连续性有相当大的作用。比如，确定是选用企业外的自由服装设计师或服装设计工作室进行委托设计，还是建立自己的服装设计部门，或者是两者兼而有之。为了保证企业品牌的连续性，有必要保持服装设计人员的相对稳定，同时又必须为新一代的设计师创造机会，为设计注入新的活力，服装设计管理必须对此作出长远的安排。服装设计部门的效率体现了对服装设计师管理的好坏。

服装设计方法管理

为提高服装设计生产力，标准化非常重要，但另一方面产品的多样化的需求又逐渐提高。为解决其矛盾，提出了编集设计的方法，与CAD（Computer Aided Design）有关，并发展成为VRP（Variety Reduction Program）等，这方面的研究是国际上服装设计管理研究的重点难题。从服装设计管理开始发展之初，测定服装设计生产力的方法,已经成为服装设计管理特别重要的研究课题之一。

服装设计部门与其他各部门的关系

服装设计部门是服装企业的核心部门

服装产品是企业文化及资源的综合体现,企业把生产、工艺、材料、市场促销、媒体传播、经济、社会、人文等多种学科的互动与协调物化为产品。就是说,作为一个出产品的服装企业,其产品会向人们提供综合的、全方位的信息。通过该企业的产品,人们不但可以感受其独特的品牌魅力,而且可以了解企业管理的多方面信息,如创新的设计理念、精湛的工艺技术、高效的生产管理、严格的质量管理、完善的售后服务、高超的促销手段等。服装企业的产品是服装,其能折射出企业的多种信息,这些信息通过每一季的产品不断加深消费者对企业的认知,从而逐渐营造出脍炙人口的品牌,如此又进一步塑造了服装企业形象,服装企业形象最终又体现在它的产品上。企业所有的资源软件是体现在服装产品这个实实在在的硬件上,因此,与其说消费者在消费该产品,不如说在消费产品背后的企业文化和资源,消费企业上述的种种软件资源。从图 3-1 我们可以看出企业文化和资源是如何物化为产品的。

图 3-1
企业文化和资源
物化为产品

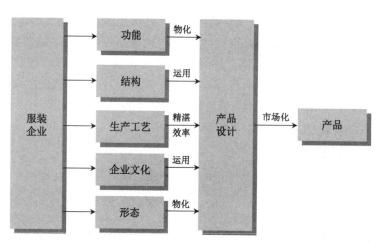

服装企业各部门与服装设计部门的配合

服装设计管理的关键是服装企业内部各层次、各部门间达到设计策略的协调一致。许多服装设计企业每年都在设计的各个方面花费大量的人力物力,如产品开发设计、广告宣传、展览、包装、建筑、企业识别系统以及企业经营的其他项目等。但是,由于对各方面的设计缺乏从战略策划高度的统一管理,往往使它们各自传达出的信息相互矛盾。这样便失去了用设计手段建立企业完整的视觉形象,确立企业在市场中的地位并扩大企业影响的机会,一项重要的企业资源就被浪费掉了。要知道,作为服装企业所产生的任何一样东西都是企业的一面镜子,反映出该企业的各个方面,它们之间应该是协调一致的。许多服装企业并不注重这一点,从而造成了设计上的混乱局面。在这些企业中,设计实际上完全没有受到管理,甚至没有被看作是一种使企业内部协调一致的潜在力量,设计通常被认为是一种为产品、包装、展示或宣传品所进行的零散性设计工作,它们与企业的其他任何事情毫无关系。企业内部不同领域的设计人员也缺乏沟通,如产品设计是由服装设计师们进行的,视觉传达由公共关系和市场开发方面的人员负责,环境设计则由基建部门负责甚至外包出去。如果没有统一的管理来跨越传统部门之间的界线,没有完善的设计管理机制,混乱在所难免。下面以产品开发的时间为线逐一讨论。

采购部

采购部为服装设计部门供应"粮草",有责任精选供货商,对面料和辅料的质量和货期承担关键性责任。

生产部

生产部是服装设计部门的后续,他们提供的信息是至关重要的,能够保证设计开发团队在设计时考虑到可制造性。板型师和生产部门有责任弄清楚设计是面向已经在使用的、成熟的工艺,还是面向与设计开发并行的新开发的工艺。生产制造部门一定不能等到图纸甚至样板出来后再参与修改,他们的作用在于不断地与设计人员沟通,以保证设计产品的可制造性。

直接让资深的生产工人参加到设计团队中来,可能是一种对设计非常有价值的事情。目前企业中生产工人通常没有任何的反馈渠道,因而也就不能将他们在过去得到的大量的可制造性方面的信息反馈到设计部门。让生产工人加入到设计过程中,能够改善他们与设计师的关系,从而使新产品在投入生产时能够更容易被工人接受,或提前简化不必要的设计,而提高生产效率,使企业获得额外的效益。

质检部

质检部是生产部的后续,决定服装企业的产品品质。如果在设计时就从设计角度考虑了质量问题,在试板时避免或修改不必要的设计甚至错误的设计,并且简化或调整工序,"废品率"就会降低。

财务部

财务部通过提供那些与企业效益相关的数据,能够帮助设计部门做出正确的决策,协助设计管理者实施从产品策划便应开始的成本管理。

市场营销部

市场营销部是服装企业与客户之间的纽带,它通过店铺终端销售人员的工作经验总结以及销售业绩等数据信息,给予设计团队必要的市场反馈意见,以保证产品反映了"客户的呼声",从而使设计团队能有的放矢地设计出更受客户欢迎的产品。

课后习题

分小组创建一个品牌,构建其组织架构并画出组织结构图。

第二部分

战 略 篇

第四章 | 目标消费层分析与定位

服装客户分析

客户行为研究

　　戴尔对客户的理解是很深入的,以至于他提出了能够让人反思的看法"想着顾客,不要总顾着竞争。"

　　想做好设计市场首先要做好消费者行为学的研究,也就是客户行为研究。消费者行为学研究消费者(个体、群体和组织)为满足需要如何选择、获取、使用和处置产品(设计作品)与服务,包括消费者体验和想法及其对消费者和社会产生的影响。消费者行为学将有助于我们从更广阔的视角审视影响消费者决策的因素及其对买卖双方产生的各种影响。

　　首先,无论是对商业性还是非商业性设计活动,成功的设计都需要大量的关于消费者行为的调研。很明显,每一个设计企业或设计部门都要经常运用关于消费者行为的信息与理论。了解消费者行为不仅可对设计决策施加影响,而且可对企业美誉等产生影响。

　　其次,每一项设计策划都涉及特定消费者信息的收集。在现阶段,消费者行为理论为服装设计管理人员提出了一系列需要探究的问题。由于情境和产品领域的差异,通常需要进行专门研究来回答这些问题。利华兄弟公司的做法对设计企业或服装设计部门有相当的借鉴意义,利华兄弟公司的 CEO 托马斯·卡罗说:"了解和合理地解释消费者的需求,说起来容易做起来难,我们的营销研究人员每周要与4 000 多名消费者接触和交谈,试图了解他们怎样看待我们的产品和竞争者的产品?他们认为我们的产品应作何种改进?他们如何使用我们的产品?他们对我们的产品和广告持什么样的态度?他们自身在家庭和社会中扮演什么样的角色?"

　　在变幻莫测的市场环境下,了解并预测消费者行为对计划和管理非常关键和重要。服装设计管理者尤其不能一成不变地看待客户行为。

　　再次,消费者行为是一个复杂的、受各个层面影响的过程。消费者的思想决定着消费行为,而其思想分别受社会与文化、科技发展、经济因素、市场因素、心理因素等各方面因素的影响。

应当指出,所有战略决策与设计活动毫无例外都建立在有关消费者行为假定的基础上,所有战略决策和设计也都或明示或暗示地建立在某些消费者行为信念的基础上。建立在明确假设和坚实理论与研究基础上的决策,较之单纯的直觉型决策,具有更大的成功可能性。深入了解消费者,对于确立竞争优势十分关键,因为它有助于减少一些决策性失误。

进行客户分析的目的在于揭示出客户结构及其需求状况。市场活动千变万化,但有一定的规律可循,按市场的运动规律分析市场,是分析服装设计消费市场的基本前提。

客户市场调查

客户市场调查步骤

客户市场分析的方法主要是利用定量和定性的方法进行系统的市场调查、需求预测、市场趋势综合分析。

市场调查。在设计决策前,要进行相关的设计服务、价格、竞争对手、宏观环境因素等市场信息的收集、整理等工作,分析掌握市场信息及市场结构的现状和变化,为进一步的市场分析和决策打下基础。

需求预测。由于市场总是处在不断变化和发展的状态,消费者的需求会随着社会的变化和环境的变化而改变,设计师的设计必须要把握每一次市场变化的机会,因此,必须着眼于未来的设计市场,通过科学的预测,了解未来市场的结构和状况。

市场趋势综合分析。从市场活动的规律看,市场活动的过去、现在和未来,主体与环境,都不是孤立的,而是一个纵横交织的运动整体。认识市场必须从系统的角度来认识,把市场放在一个时间上和空间上变化、发展的动态系统来研究,从而描述一个完整的市场变化的概貌。

在设计策划决策前,要弄清楚社会对设计服务的需求情况,如谁需要,为什么需要,规模大小,通过什么方式购买,希望以什么价格来购买等。市场调查就是要用科学的方法,有目的地去系统收集客户市场活动的真实情况,获得市场分析的第一手资料,市场调查是市场分析的基础。

服装客户市场调查的程序

市场调查的程序一般分为调查准备、调查实施和调查结果处理三个阶段。

调查准备阶段。确定调查的目的、要求、对象等进行预调查,进一步明确调查范围,确定调查项目,制定实施计划。

调查实施阶段。决定收集资料的来源与调查方法,设计调查表格与抽样调查方案,组织人员进行现场调查。

结果处理阶段。资料分类整理与综合分析,提交市场调查报告。

服装客户市场调查的方法

服装客户市场调查有很多种调研方法,目的是寻找典型的消费者,全面地了解和深入地研究其行为和习惯,挖掘其深层次的动机和潜在需求,以发现市场机会,更好地开发产品。调查内容包括消费者的使用和购买行为习惯、态度、生活方式等。

消费者调研有线下问卷调研、线上问卷调研、电话调研、访问调研等。

问卷调研通常在问卷的设置、发放问卷的地点和时间上要求很高,而电话调研则相对更自由些,但问题的设置需要少而精;访问调研通常以一对一的访谈为主,更为直接,能更深入地揭示消费者对某一问题的潜在动机、信念、态度和感情,但调查者需掌握高级访问技巧,在刺探和引导消费者详细问答方面经过严格训练,一般在被访者熟悉的环境(家中、单位等),或设定专门访问场所,时间较长,缺点是成本高,对调查者在访问技巧方面的要求较高,操作难度大。

除此之外,还有角色模拟体验或观察日记等,这类方法对调查者要求更高,需要专门的培训。在国外,设计管理者通常会定期要求设计师运用这类方法,这样更易发现消费者的隐性需求。比如宜家(IKEA)的设计师会定期到当地客户家中共同生活一天以上,以便更好地为当地消费者设计家居用品收集信息。

设计客户市场调查的内容

从设计策划的角度看,客户市场调查的内容包括市场环境调查、技术发展调查、设计需求调查、客户生活方式调查、价格需求调查、竞争调查等。

市场环境调查。其主要目的是调查影响客户市场的外界因素,其主要的调查内容有政治环境、经济环境、社会文化环境等,尤其是客户的社会文化背景等。

技术发展调查。其主要内容是了解国内外新技术、新工艺、新材料的发展趋势和发展速度,了解国内外新产品的技术现状、发展速度和发展趋势。

设计需求调查。调查设计业务现有和潜在需求、客户市场需求的变化趋势、市场上同类设计的经营总量、同行业的规模等。

客户生活方式调查。主要调查客户所处地区的文化及环境特征,客户的购买能力、购买动机、购买方式、嗜好等。通过调查能对客户的生活方式有更全面的了解。

价格需求调查。调查客户对服装设计产品价格变化的反应,了解客户最乐意接受的价格水平,分析产品的价格需求弹性,以及服装设计产品价格构成和特性等。

竞争调查。对争夺相同客户的其他品牌竞争能力和竞争状况的调查。

设计客户市场调查的结果

设计部门在设计策划前进行相应的市场调查能使后续设计更符合市场的实际需求。该策划要以满足客户的真实需求为基础,并确保设计的款式、价格、促销方式及营销渠道相互支持并更能适合目标客户。根据市场调研得出顾客生活方式和竞争对手的分析结果,再考虑市场状况进行合理策划。这里仅总结四种不同类型的设计策划:

创新领导型策划。富有创新性,以前瞻性的视角为设计策划的基础,能获得客户和同行的长期追随认可,以不断创新取胜。

差异化策划。以品质、独特的设计差异化品牌形象为特征,以获取品牌认同和形成独特品味为基础。设计能形成自己的特色,个性鲜明。

聚焦目标策划。当一个服装企业率先占领某一特殊的目标市场后(设计针对性很强、很准),就会因市场的狭小和消费者的更早认知而对其他服装设计企业后续的进入产生壁垒。

市场需求导入策划。以市场需求为导向进行品牌定位而开展相应的设计,若能掌握到市场的潜在需求变化,则企业可以独领风骚。

案例分析

扫以下二维码,查看某品牌的市场调研分析。

客户行为分析模式

一些国际性的大公司,如索尼、松下、柯尼卡等,在对客户行为分析模式上都有许多的成功案例可以借鉴。国外某个服装公司设计服装时,首先不是去绘制款式图,而是进行客户的日常行为分析,刻画出故事版的客户形象。比如,先设定假设客户的年龄为 35 岁,名 Jim,然后分析他的家庭情况、个人喜好与憎恶,分析他的日常行为、平时的生活细节以及收入状况,进而考察其人在什么场合需要什么样服装,从而为设计提供概念与目标,再进行设计。经过故事版的客户形象分析,服装设计管理者更易使设计师有明确的概念与目标,并随信息的交互产生创造力。有些公司甚至将设定的客户用动漫的方式表现而更加形象化,赋予他(她)性格、喜好、职业、身份,这样不管是设计师还是其他部门的管理者都可以像看电影一样将客户的喜好铭记在心。

另一方面,服装设计师自身对社会环境也要进行深入地认识与考察,对设计的作品取向有明晰的认识:是否符合人们的消费预期? 是否能体现人们的审美倾向? 日本设计师佐野邦雄先生曾作过一个"生活的变迁与设计师"的课题,将日本及世界上某些非常有影响性的事件,如技术的进步、企业的发展等都进行了归纳,进而对设计有了深入的认识与感悟。

所以,要有好的设计,理性的认识是首要的,并且要有时效性地分析、处理信息。分析方法也不是一成不变的,因为设计的客户行为模式在人、物的信息交流中是不断变化发展的。

顾客满意和顾客信任

顾客满意和顾客信任是两个层面的问题,如果说顾客满意是一种价值判断的话,顾客信任则是顾客满意的行为化。如何使两者达到一种有效的结合,是服装企业应注意的。

顾客满意

一般而言,顾客满意是顾客对企业和设计师提供的产品的直接性综合评价,是顾客对企业、设计师、产品的认可。顾客根据他们的价值判断来评价产品和设计师,因此,菲利普·科特勒(Philip Kotler)认为,"满意是一种人的感觉状态的水平,它来源于对一件产品所设想的绩效或产出与人们的期望所进行的比较"。从企业的角度来说,产品设计的目标并不仅仅止于使顾客满意,使顾客感到满意只是服装设计管理的第一步。美国维持化学品公司总裁威廉姆·泰勒(William Taylor)认为:"我们的兴趣不仅仅在于让顾客获得满意感,我们要挖掘那些被顾客认为能增进我们之间关系的有价值的东西"。在企业与顾客建立长期的伙伴关系的过程中,企业向顾客提供超过其期望的"顾客价值",使顾客在每一次的购买过程和购后体验中都能获得满意。每一次的满意都会增强顾客对企业的信任,从而使企业能够获得长期的盈利与发展。

对于顾客来说,如果对企业的产品和设计感到满意,顾客也会将他们的消费感受通过口碑传播给其他顾客,进而扩大产品的知名度,提高企业的形象,为企业的长远发展不断地注入新的动力。但现实的问题是,企业往往将顾客满意等同于顾客信任,甚至是"顾客忠诚"。事实上,顾客满意只是顾客信任的前提,顾客信任是顾客对该品牌产品以及拥有该品牌企业的信任感。美国贝恩公司的调查显示,在声称对产品和企业满意甚至十分满意的顾客中,有 65%~85% 的顾客会转向其他产品,只有30%~40% 的顾客会再次购买相同的产品或相同产品的同一型号。

顾客忠诚

在营销管理理论中,顾客忠诚是一个被广泛使用的概念,但顾客忠诚实际上只是一种误解。

当市场营销的专家们提出顾客忠诚这一概念时,企业经营管理的至上理念是大规模生产,即企业先按照自己对顾客需求的理解设计产品,然后通过长时间的大规模生产降低成本,吸引顾客购买。在整个过程中,企业是主导,处于主动地位;顾客作为企业产品的接受者,只能接受企业主观为"他们"设计、生产的产品,顾客选择性差。特别在短缺环境下,顾客不得不重复购买相同的产品,这种重复购买给人的错觉是"顾客忠诚"。

其实,在现代的个性化感性消费时代,产品品种繁多,产品同质化日盛,产品生命周期缩短使得顾客不可能长期对某企业和某产品"忠诚"。从另一方面而言,顾客忠诚的对象是企业或产品,因此顾客忠诚是顾客对企业或产品忠诚,这是以产品为中心的产物,现在的情况应该是企业对顾客忠诚。只有这种观念的转变才能使企业为顾客服务,实现顾客价值最大化。

顾客信任

顾客信任是指顾客对某一企业、某一品牌的产品或设计认同和信赖,它是顾客满意不断强化的结果,与顾客满意倾向于感性感觉不同,顾客信任是顾客在理性分析基础上的肯定、认同和信赖。一般地说,顾客信任可以分为 3 个层次:

认知信任。它直接基于产品和设计而形成，因为这种产品和设计正好满足了消费者心理需求，这种信任居于基础层面，它可能会因为志趣、环境等的变化而转移。

情感信任。在使用产品之后获得的持久满意，它可能使顾客形成对产品和设计的偏好。

行为信任。只有在企业提供的产品和设计成为顾客不可或缺的需要和享受时，行为信任才会形成，其表现是长期关系的维持和重复购买，以及对企业和产品的重点关注，并且在这种关注中寻找巩固信任的信息或者求证不信任的信息以防受欺。

在促进顾客信任的因素中，个性化的产品是决定性因素。个性化的产品能增强顾客的认知体验，从而培养顾客的认知信任。个性化的产品能使顾客产生依赖，进而培养情感信任。只有个性化的产品能适应顾客的需求变化时，顾客才会产生行为信赖。顾客不可能自发地信任，顾客信任需要企业以实际行动来培养。

顾客信任所带来的经济利益相当可观，这一点在其他行业也得到了证明。近年来的服务行业，如软件和银行业的调查统计表明，顾客信任度提高 5%，企业收益可上升 25%～80%。如果一家公司始终不渝地给予顾客超值回报并赢得了忠诚的顾客，其市场份额和收益就会增加，而招揽顾客和为顾客服务的费用就会下降。公司可以将因此获得的超额利润投资于一系列新的活动，譬如奖励老顾客，为顾客提供更好的服务，提高员工的报酬等，从而引发一系列连锁反应，形成"企业盈利、顾客信任"的良性循环。

在各种工业产品和艺术商品中，服装的设计风格以广泛性和多变性著称。在服装的历史发展过程中，出现了诸多形态的服饰。进入 21 世纪，时尚的本质更是以强调风格的设计为核心。我们在比较两个品牌时，通过分析两个品牌在服装风格上的细微差别，从而判断两个品牌的目标消费群的细微差别。因此产品风格的确定，是通过组合视觉和触觉所感受的综合体验，来满足目标消费群的需要，这是一项非常复杂的工作，必须由有多年经验的设计总监来把握。产品设计风格包括造型风格、色彩风格、面料风格，具体见第六章详述。

消费者层级

消费阶层

在现代社会学理论中，"阶层"都是指按一定标准来区分的社会群体，根据不同的理论和不同的研究目的，有不同的划分标准和方法。消费阶层按消费者的消费倾向和能力划分。

客户细分并定位

每个企业在战略定位之初，第一要务便是明确自己的客户群体位于哪个消费阶层，决定产品价位和品质。在消费阶层确定后再去细分客户，同一消费阶层的人群因为不同的家庭出身、不同的成长环境、不同的教育经历、不同的职业、不同的生活方式都会有着不同的消费理念和消费行为，客户定位就是把客户明确细分出来的过程。在企业对自己的客户有了初步设定后，为了更清晰地把客户细分出来，对客户群进行深入研究，最终诠释客户的需求非常重要。

诠释客户需求时很重要的一点是对客户需求的认知，客户需求分为显性的需求和隐性的需求。显性的需求是客户自身已经很明确的需要，通常通过调查问卷、访谈式调研就能把握和发现。而隐性的需求是客户自身都还未必有所意识的需求，是内心的一种潜在渴望，也许他们自己也不能言表，往往需要设计师去发现，所以需要有更多的调研方式，比如角色模拟体验或观察日记等。

课后习题

选择适当的市场调查方式为自创服装品牌调研，并进行客户生活方式分析。

第五章 | 服装设计战略与品牌形象

设计对于企业的重要性越来越被管理者认可,品牌定位已经更多地被提到企业战略定位的高度。战略一词在中国古代就有,原是军事词语,指将帅制定的指导战争全局的计划和谋略,这个谋略一定是建立在分析敌我双方的军事力量以及天时、地形等因素的情况下制定的。设计战略的核心就是知己知彼,简而言之就是在分析了企业的内外部环境、竞争对手及消费者的前提下,对品牌发展制定的长远的规划,是产品开发的指导方针。

服装设计战略制定

服装设计战略分析

服装设计战略着重于市场、消费者、产品这几个方面来制定谋略,可以在以下三方面来分析:

第一,是否掌握消费者的隐性需求或显性需求。如果能针对消费者的隐性需求制定设计战略,新的市场就能被开发出来,其服装设计战略是最高层次的战略,是前瞻性的设计战略。退而求其次,如果能针对消费者的显性需求制定合理的设计战略,开发完全适合市场的产品,其服装设计战略是有指导性的设计战略。

第二,是否比竞争对手更贴合现有市场的需要。国内大部分服装企业只注重这一方面的分析,通常过于密切地关注其竞争对手,靠价位竞争或品质竞争取胜。

第三,是否开拓新市场,设计新产品。一些服装企业在产品结构上突破,开发新的产品类别,如女装企业扩展到男装、童装产品等,或在技术上有所突破,研发新产品来开辟新市场,如运动装企业研发滑雪服等更具功能性的产品等。

服装设计战略分析工具

SWOT 分析是战略管理的经典工具,在 20 世纪 80 年代初由美国旧金山大学国际管理和行为科学教授海因茨·韦里克(Heinz Weihrich)提出而不断完善并延用到现在。在服装设计管理战略分析中,也常用此工具。SWOT 分析即根据企业自身的现有内在条件进行分析,将企业的优势、劣势及核心竞争力之所在找出,而后将公司的战略与公司内部资源、外部环境有机结合,是一种有效的企业内部分析方法。其中,S 代 表 Strength(优势),W 代 表 Weakness(弱势),O 代 表 Opportunity(机会),T 代表 Threat(威胁),而 S、W 是内部因素,O、T 是外部因素,更清晰地表示如下:

· Strength(优势)——内部的有利因素;
· Weakness(劣势)——内部的不利因素;
· Opportunity(机会)——外部的有利因素;
· Threat(威胁)——外部的不利因素。

SWOT 分析步骤:

· 将企业的优势和劣势,可能的机会与威胁分别罗列出来即 S、W、O、T;
· 优势、劣势与机会、威胁相组合,形成 SO、ST、WO、WT 策略;
· 对 SO、ST、WO、WT 策略进行甄别和选择,确定企业目前应该采取的具体战略与策略。

如果把 S、W、O、T 画在坐标轴里,即 SWOT 矩阵图,如图 5-1 所示。

图 5-1
SWOT 矩阵图

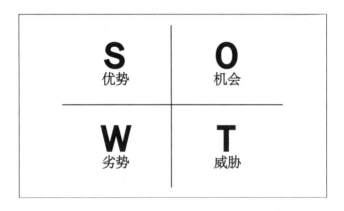

然后可以用内部和外部因素交叉分析并找到应对的策略,如图 5-2 所示:

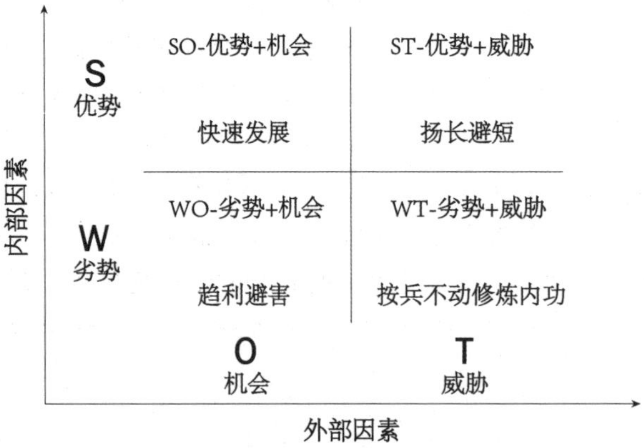

图 5-2
内外部因素交叉
坐标图

以下是广州某服装公司战略分析图(图 5-3、图 5-4),从中可以看出如何具体运用 SWOT 分析工具。

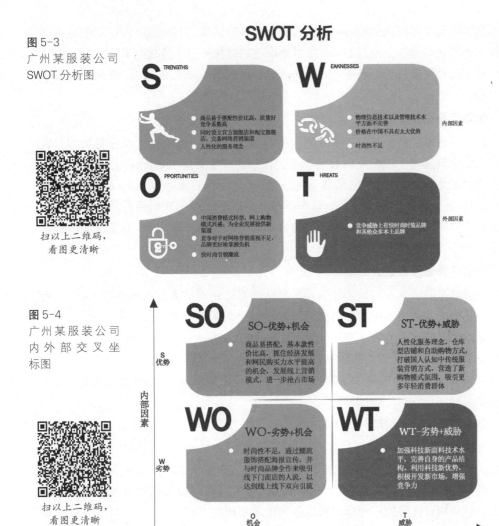

图 5-3
广州某服装公司
SWOT 分析图

扫以上二维码,
看图更清晰

图 5-4
广州某服装公司
内外部交叉坐
标图

扫以上二维码,
看图更清晰

服装设计战略的类型

在服装企业产品开发过程中设计是核心,而采用怎样的设计战略是设计成功的关键。下面简单对一些服装企业比较典型的设计战略进行分类,也有很多服装企业是采用复合型的设计战略,将几种设计战略融合在一起。

开拓型服装设计战略

这是上上策,优势不言而喻。其开拓出新的消费市场后无竞争对手,可以获得丰厚的市场回报,企业需要具备很好的消费者和市场研究能力,具有前瞻性。

品位、品质优势型服装设计战略

这是通过提高品位、品质从而整体上提高产品的附加值。比如奢侈品牌香奈儿(Chanel)、古驰(Gucci)、迪奥(Dior)等,通过提供高品质和高价位产品来满足人们对高品质奢华生活的追求。

技术革新型服装设计战略

该战略优势是不断运用新的面料、工艺或设备技术,使其产品处于领先地位。

比如德国运动品牌阿迪达斯 boost 技术的引进开发研究,将坚硬的 TPU 材料通过热塑性工艺后获得弹性。通过 boost 技术处理过的材料相对于传统的 EVA 材料,在诸多性能上具有优势——穿着更轻、更弹、更软,且几乎不受低温影响,由此而引发了热卖潮。

仿效型服装设计战略

该战略是模仿其他服装企业来制定的类似设计战略,被模仿的企业通常都是在市场上成功且还处于成长期的服装企业。比如西班牙隶属 Inditex 集团旗下的一个子公司服装品牌 ZARA,通过借鉴学习巴黎、东京、纽约、米兰等各大品牌时装周的服装设计,进而推出尖端潮流的时尚单品,以保持 ZARA 的快时尚更新速度来吸引更多追逐时尚的年轻人。中国采用这种设计战略的服装企业较多,对于企业成长初期不失为快速进入市场的一种战略。

产品多样型服装设计战略

该战略是服装企业利用多品牌和产品结构多样化来扩大其市场占有率,同时也能进一步提高其在市场中的知名度。国际化服装企业很多都采用这种战略,如意大利的 PRADA 集团公司旗下有 Prada、Jil Sander、Church's、Helmut Lang、Genny 和 Car Shoe 等极具声望的国际品牌,还拥有 Miu Miu 品牌的独家许可权。除了多品牌,PRADA 集团公司每个品牌的产品结构也非常全面,基本上涵盖了服饰产品的大部分类别,市场占有率可想而知。

专业型服装设计战略

该战略是针对某一特定人群、特定地区或特定产品类型而制定的策略,通过专业化的优势来取胜。比如,法国户外运动体育用品品牌迪卡侬面向所有的户外运动爱好者,从初学者到专业运动员。迪卡侬力求为所有热爱运动的顾客提供价格最为低廉但质量相对优异的户外运动服饰及其他运动相关产品。

价格优势型服装设计战略

这是通过控制成本使产品在市场上形成价格优势,使其具有更强的市场竞争力,通常供应链的创新管理是其价格优势的保障。如 H&M 这一类的品牌,更多以快时尚和价廉物美取胜。

服装品牌视觉形象的长期规划

服装品牌视觉形象战略的历史与发展

19 世纪末 20 世纪初,英国的高级裁缝查尔斯·弗莱德里克·沃斯(Charles Frederick Worth)是第一个具有个人品牌意识的裁缝兼设计师,他在为皇后设计制作的礼服上签上了自己的名字。他使服装设计师品牌开始萌芽,裁剪精良而美丽的服装需要一个名字来区别于其他的衣服,这是最早的时装品牌"标志"。沃斯所设计的服装,从写着沃斯的标签上可以看到,标志的字体是对他个人手写签名的再设计,保留了手写体的随意性和流畅的线条,潇洒而优雅。以设计师的名字命名时装品牌也成为日后各时装大师纷纷效仿的做法。香奈儿（Chanel）、迪奥（Dior）、伊夫·圣洛朗（Yves Saint Laurent）、范思哲（Versace）、阿玛尼（Armani）、高田贤三（Kenzo）等，无一例外地使用了自己的名字作为品牌的名称，它们被设计成各种不同风格的标志，印在包装袋上，刻在钮扣上，竖在专卖店的门牌上，缝在大大小小的衣服上，遍布全世界。

服装品牌不仅仅意味着一名设计师、一个品牌名称和一个标志，它具有了越来越多的内涵和功能。那么，究竟什么是品牌呢？简而言之，品牌是具有一定认知度和完整形象并具有一定商业信誉的产品系统或服务系统。沃斯虽然有了品牌意识，有了自己的品牌名称、标志，启用了模特对服装产品进行宣传，但他还无法超越那个时代，沃斯的品牌并不是严格意义上的品牌，其产品没有构成完整的产品系统，也并不具有完整的品牌形象。随着现代产业革命的发生、国际贸易的发达，20世纪20年代的另一名时装大师，法国的可可·香奈儿则比他更技高一筹。她把时装这种原先的小作坊当作大型企业在世界推广，建立自己产品系列的鲜明形象，具有明确的设计宗旨和原则，采用各种现代化方式进行促销。她不仅为自己的品牌命名，设计了著名的双C标志，还非常精心地设计了自己成功的传奇故事，把自己的形象、自己的成就精心包装起来，通过报纸和时髦杂志进行宣传。

如今，时装品牌的建立越来越依托强大的、多层次的、有秩序的传播系统，在消费者最终走进时装零售店，触摸到衣服，试穿上衣服之前，吸引他们前来的正是媒体工业添加在时装品牌上的光环。除了时尚界新闻、时尚评论等的推波助澜之外，品牌的视觉识别系统也起了导航的作用。香奈儿的双C标志、著名的山茶花、镶边小套装、成串的人造珠宝、NO.5香水等，都是她建立的品牌形象系统中关键的部分。

服装品牌视觉形象战略的概念

服装品牌视觉形象战略也可以称之为视觉识别战略，即人们通常所说的 VI（Visual Identity），它将品牌的非可视内容转化为视觉识别符号，以无比丰富的应用形式，在最为广泛的层面上，进行最直接的传播。VI 是 CI（企业形象识别系统）中最具传播力和感染力的部分。

那么，什么是 CI 呢？CI 是英语 Corporate Identity 的简写，其中 Corporate 是指法人、团体、公司（企业），关键词是 Identity 这个词，它大致有三方面的含义：①证明、识别；②同一性、一致性；③持久性。CI 往往引申为企业识别或企业形象统一之意，从二战后的欧美开始兴起，到20世纪70年代传入日本，再到80年代引入中国。在世界范围内，其作用与地位已经得到了广泛的确定与认可。在传入日本后，善于学习、借鉴的日本人又将 CI 扩展推进提升为 CIS，即 Corporate Identity System，译称为企业识别系统或企业形象统一战略。

在 CIS 中，原有的以 VI 为主的设计内容被上升为三个部分或称之为三个战略体系，即理念识别 MI（Mind Identity）、行为识别 BI（Behavior Identity）和视觉识别 VI（Visual Identity）。三个层面在 CI 系统中是一个相互关联、协同促进的整体，各自从不同侧面或不同层次共同塑造企业的独特形象，推动企业的发展。

企业理念识别，即 MI（Mind Identity），是企业 CI 计划中的一个重要组成部分，Mind 可译作"心"、"精神"或"灵魂"，通常被看作是企业的"想法"。成功的企业 CI 战略，往往不只是企业表面的装饰，而是企业内部经营观念的重新认识和定向。当然，目前许多研究者认为，MI 突出的不仅仅是 Mind，更为重要的是 Identity，于是 MI 所包容的最新涵义得以突现，即能被简化、被浓缩、被迅速传播、被普遍地识别和认同，这也是 MI 概念的生命力所在。理念识别作为 CI 战略的核心所在，将贯穿企业活动的每一个领域的每一个细节。从这个意义上看，理念识别的内容是无所不包、无所不在的。就其抽象性而言，理念识别往往不易准确地传达或把握，它的产生依赖于广泛的社会基础以及丰富的政治、历史、文化背景。

企业行为识别，即 BI（Behavior Identity），被认为是 CI 的"做法"，它是企业活化行为的执行。通过企业的经营、管理以及公益行为等活动来传播企业的思想，使之得到内部员工和社会大众的认同，以建立起良好的企业形象，创造有利于企业生存和发展的内部空间及外部环境，进而顺利实现 CI 总目标。BI 作为企业具有识别意义的行为，活动的前提必须建立在企业独特经营思想上才能有效果。BI 是区别于企业的一般性行为，具有独特性、一贯性、策略性的特点，它无时无刻不在传播着企业的信息。BI 的独特性体现在企业的行为始终围绕着企业的经营理念 MI 而展开，MI 一旦制定，企业便会充分利用各种媒体和传播手段，采取多种多样的方式来获得内部员工和社会大众的认同；BI 的一贯性是指 BI 既是企业形象塑造过程中的执行活动，更是一项系统的投资行为，只有长期地执行、贯彻下去，才能有所回报；BI 的策略性是指在企业形象塑造过程中，执行者要具备灵活应对的能力，同时要始终朝着 CI 的总目标有计划、有步骤地采取行动。

企业视觉识别，即 VI（Visual Identity），被认为是 CI 的"脸面"，它是 CI 系统中最具传播力和感染力的层面。VI 以视觉传播力为动力，将企业理念、文化特质、服务内容、企业规范等抽象语言转换为具体符号概念，应用在形的展开面，以标准化、系统化的统一手法，塑造企业独特形象。VI 设计的核心内容就是具有特征性的品牌形象展示，进而提升企业的整体文化内涵。

简言之，MI 是 CI 系统的大脑和灵魂，BI 是 CI 系统的骨骼和肌肉，VI 则是 CI 系统的外表和形象。企业文化作为供血系统一旦形成，CI 系统就有了生命力。CIS 是现代企业经营发展的一种全新概念，是一种改变企业形象给企业注入新鲜感、使企业引起外界更为广泛的关注，进而提升业绩的技巧。这种结合现代设计观念的整体性运作，将企业作为对象进行整体设计，使社会大众更容易识别企业性质。这种设计不是零碎的、不规则的、单一的形象显示，它强调统一化、规范化、标准化，旨在强化企业形象，让人产生亲切感和新鲜感，进而提高知名度获得更好的经济效益。

服装品牌视觉形象规划的构成

在整个 CI 系统中，VI 是外在具体形式的体现，是最直观的部分，它以形式美感染人、吸引人，是人们最容易注意并形成记忆的部分。

VI 的一般构成

VI 由两大部分组成，分别是基础部分和应用部分。基础部分包括标志、标准字、标准色、辅助图形及其相应的组合关系。在基础部分设计中又以标志、标准字体、标准色为设计核心，一般称他们为 VI 的三大核心。整个 VI 系统建立在三大核心所构成的基础上，而标志又是核心之核心，它是综合所有视觉要素的核心，是形成所有视觉要素的主导力量。

应用部分是基础部分的扩展与延伸,也是 VI 设计的载体与媒介。应用部分的开发,可以根据企业经营的内容与产品的性质,以及事业规模、经营策略、市场占有率等因素逐步设计开发,分布实施。应用部分包括事物用品系统、包装系统、广告系统、指示系统、礼品系统、环境展示系统、交通系统、服装系统等。在这里,可以用一棵树做比喻:基础部分就是树根,是 VI 设计的基本元素,而应用部分则是树枝、树叶,是企业视觉形象的传播媒介。

时装品牌 VI 构成的特点

时装品牌 VI 系统与其他行业不同,有自己的独特之处,主要体现在应用部分。此外,服装的辅料系统是最为特殊的类别,吊牌、主标、洗水标等,是服饰产品不可缺少的附件。首先,广告是时装品牌最常用的一种吸引消费者的手段,是效果最直接、刷新速度最快的部分。其次,时装的展示系统也是比较特殊的部分,旗舰店的设计往往集中体现了该品牌的全部时尚元素,对消费者来说是一个立体的、复杂的、时尚的、直接的体验环节。包装系统中的香水瓶设计是时装品牌 VI 系统中非常独特的部分。香水是大多数著名时装品牌纷纷推出的重要产品类别,盈利颇丰,香水瓶设计的重要性自然不在话下,有些甚至由设计总监亲自操刀,如伊夫·圣洛朗就亲自设计了本品牌的香水瓶,造型十分典雅。除此之外,还有箱包、饰物等方面的造型设计。

服装品牌视觉形象规划的原则

VI 在 CI 设计中最为直观、具体,与社会公众的联系最为密切、贴近,因而它的影响面也最为广泛。但是,VI 的设计不是机械的符号制作,而是以 MI 为内涵的生动表达。只有遵循一定的设计原则,VI 设计才能多角度、全方位地反映企业的形象特征。

一般的 VI 设计原则

以 MI 为核心的原则。完整的 CI 系统中的 VI 设计不同于一般的美术设计。根据 CI 的结构,VI 是企业理念的视觉表达形式。VI 设计除了依循一般的美学原理、设计构成法则外,还需注重企业的理念精神。VI 设计要素是借以传达企业理念、企业精神的重要载体,脱离了企业理念、企业精神的符号设计是起不了多大作用的,它只能是一种缺乏内涵的图解。优秀的 VI 设计都是成功表达企业理念的视觉设计。

人性化的设计原则。现代设计需要以充满人性的作品来感动消费者,给消费者亲和感,使其接纳该商品,这是现代设计的基本点所在。设计的最终目标是为人服务,无论设计的角度多么不同,它最初的出发点以及最终的落脚点都应该着眼于人群这个特殊的受众对象。成功的 VI 设计往往都具有人性关怀的特征,都是具亲和力的表现。

突出民族个性、尊重民族风俗的原则。各民族的思维模式不同,因而带有民族特色的设计,更能被国人所认同,进而才能赢得世界的认同。另外,设计过程要兼顾视觉识别符号在发展过程中形成的民族习惯性原则,在不同的文化区域有不同的图案及色彩禁忌。由于社会制度、民族文化、宗教信仰、风俗习惯的不同,各国又都有专门的商标机构和条例,对牌号、形象都有不同的解释,所以在设计时要特别留心。

符合形式美的原则。VI 识别设计,应该符合形式美的造型规律。它应该能在人们视觉接触中唤起美感,引起美的共鸣。所以在设计时,应该注意到图形的比例和尺度的统一与变化、均衡与稳定、对比与协调等问题;同时还要注意到设计必须运用世界通用的形态语言,避免一味地追求传统、狭隘的形态语言而造成沟通上的困难;要注意吸取各民族人类文明的共通部分,努力创造具有本民族特色又具有世界性的语言形态。现代设计的变化是不断丰富且逐步提高的过程,所以要关注设计态势的不断变化,将设计建立在一个相对领先的位置上,才会更具时代感和先进性。

强化视觉冲击力的原则。现代 VI 设计不仅要有显著的差异性,而且要做到远看清晰醒目,近看精致巧妙,从各个角度、各个方向上看去都有较好的识别性,这就是设计中常常提到的视觉冲击力的问题。充分运用线条、形状、色彩等形式手段,尽可能地化繁为简、化具体为抽象、化静为动,这样 VI 系统设计将具有良好的视觉冲击力。

可实施性原则。所谓可实施性原则,就是在设计时应考虑其设计在实际使用中的可能性与可行性,包括制作成本、时间、媒体、印刷条件、大小、材质等。VI 设计要具有较强的可实施性,如果在实施上过于麻烦,或者因为成本昂贵而影响了实施的进行,那么再优秀的 VI 设计也会由于难以落实而成为纸上谈兵。同时,必须考虑到 VI 设计应用在不同的媒体上的传达效果,如喷在汽车上,要以汽车在正常行驶中也能清楚地看到为好。VI 设计可灵活地应用在电视广告、霓虹灯广告、建筑物以及其他印刷品等媒体上。另外,国内的企业应当考虑到企业自身的规模、经济实力以及它所处的物质文化环境,有选择地制定 VI 设计规划,而不应该片面地追求所谓的"标新立异"。

法律原则和严格管理原则。视觉符号多用于商业活动,而所有视觉符号设计都必须符合商业法规。同时,VI 系统千头万绪,在积年累月的实施过程中,要按手册的规定来执行,自始至终要做到不走样,放大或者缩小都要按比例缩放,以实现统一的视觉效果。

时装品牌 VI 系统的设计原则

时装品牌的 VI 系统除了遵循一般的设计原则之外,还要在追求时尚感的同时,在变与不变中保持平衡。

时装品牌与其他行业品牌最大的区别在于,它以追求时尚为基本宗旨,而时尚变化之快是任何其他行业都望尘莫及的。当时装品牌形象开始落伍的时候,也正是品牌自身面临严重危机的时候。但视觉识别系统必须在一定时间内保持其稳定性,不可能频繁变化,所以时装品牌的 VI 系统设计面临着求新和求稳的双重要求。最好的设计是当品牌经历了时间的沉淀而成为经典老品牌的时候,其标志的魅力依旧,无须更改,比如伊夫·圣洛朗的标志,在今天依然那么优雅而无懈可击。时尚中有些东西是历久长新的,比如风格,伊夫·圣洛朗正是抓住了一种经久不衰的风格特质,提炼出了自己的鲜明形象。

当标志成为一个不变的元素时,求新的要求可以通过刷新速度比较快的时装广告或形象代言人来满足。著名的时装品牌香奈儿启用了众多的新人模特来诠释品牌在不同时期所推崇的形象。这些品牌形象代言人虽然在不断变化,但她们都有着共同的特质,也是香奈儿的特质:独立、自由、美丽。当变与不变成为一种平衡的时候,时装品牌也就真正地成熟了。

案例分析

扫以下二维码,查看某品牌的 VI 设计。

课后习题

请利用战略分析工具对你喜欢的品牌进行战略定位分析,并制定自创品牌战略定位策划和品牌 VI 设计。

第六章 | 服装设计战略与品牌策划

设计战略中的品牌风格定位

服装企业的设计战略制定好后,主要通过其品牌的风格定位体现出来。风格的特点在于其具有独特性、流行性、完整性、社会性,服装品牌的风格主要从造型风格、色彩风格、面料风格三方面体现出来。

造型风格

造型风格一般是指服装的线条风格(包括轮廓线条、结构线条与装饰线条)。造型是变化最多、设计最敏感的部分,但无论怎么变,一个成功企业的服装产品,造型风格总是一致的,并且与目标消费对象的品味一致。每一个品牌往往有自己相对固定的造型风格。例如,著名品牌迪奥的造型风格以 X 造型为主要特色,秉承了创始人克里斯汀·迪奥的新风貌(New Look)的线条特征,简洁大气又富有女性味;香奈儿的款式基本上以直线条套装为经典款式风格,只是每季在色彩、面料、图案及搭配上大做文章。国内知名品牌例外以大胆的结构线设计树立了自己独特的前卫品牌风格,这种风格在中国服装市场上独树一帜,表现在复杂、变化多端的款式设计与含蓄低调的色彩配合默契。无论每季设计多少新产品,这种富有品牌特色的款式风格不会也不应该轻易变化。

色彩风格

色彩风格指的是整体产品的组合色调,并非单个颜色。无论流行时尚如何变化,成功的服装品牌都具有自己独特的色彩风格。当然,色彩风格并非一成不变,它会根据消费者的需求而做微妙的变化和调整。

由于品牌一旦建立,就有了相对固定的色彩形象,因此,初上市时的整体色彩企划非常重要。每一个品牌的色调必须有某种特点,才能留给消费者深刻的印象。最初的色彩形象和以后每季的色彩形象有内在的联系和微妙的变化。品牌色彩风格是在商品企划过程中,经过多方面的调查、研究和思考才确定下来的,它反映了目标消费群的喜好,并塑造了品牌独特的形象。色彩在此塑造了品牌的第一视觉形象,不少品牌就是在出售这种色彩形象。这种形象可以是动感的、典雅的、活泼的、休闲的、反叛的。

如贝纳通(Benetton)品牌的色彩风格是比较饱满的鲜纯色调,充满活力和动感,塑造了一种具有视觉冲击力的年轻现代的品牌形象;卡尔文·克莱恩(Calvin Klein)品牌的色彩风格则是中性含灰色调和黑白色调的组合,简洁干净,表达了社会中高消费层的精致生活方式;高田贤三品牌的色彩风格带有东方色彩的华丽和娇艳,满足了欧洲消费者对东方文化的向往。

面料风格

面料风格指的是整体产品的面料组合风格,包括面料的原料类型、织造风格(手感、肌理等)、图案风格等。

一个特定的品牌往往有特定的面料风格,比如年轻休闲品牌多使用全棉或含棉在60%以上的面料,面料手感倾向于舒适、柔顺,即使会在每季加入少量流行面料进行搭配,大的面料风格是不会变的;而某些前卫的少女时装品牌则会采用轻薄闪光的化纤面料作为品牌的面料特色,并将此风格延续在每个季节里,只是随着流行而改变颜色和图案。因此,设计总监需为本品牌的目标消费群选择一种最合适的面料风格,恰当地表达目标消费群的生活理念。

每一种面料都有自己不同的"表情",甚至是同一种面料,也会因为使用的方法不同而展现出多种风情。这一环节难度颇大,但又是至关重要的一环。

设计战略中的主题策划

灵感的捕捉

在理性地建立产品架构之前,设计师渴望获得新的灵感。如果说产品架构是骨架,那么灵感就是灵魂,主题设计则是经脉,设计元素就是充实于其中的血肉。永葆青春的品牌依赖于源源不断的灵感,设计团队期待与众不同的主题,设计师们则像猎人一样追逐着新的设计元素。这三者是设计工作中不断变化的部分,极富魅力。

在新季度产品开发的前期阶段,灵感的启发是必不可少的。设计总监在制定产品架构时,须不停地寻找灵感来源。

何谓灵感?

灵感是借助直觉和潜意识活动而实现的认知和创造。它往往能导致艺术、科学、技术的新的构思或新观念的产生或发展。

据生理学与心理学的经验分析,在产生灵感之前必须对问题有过连续、反复的思维,产生浓厚的兴趣,并有解决它的强烈愿望。灵感是艰苦思维的结果,是必然性和偶然性的统一。灵感通常出现在不自觉意识或无意识状态,创造者不能有意识地等待灵感的来临。有研究者提出,灵感的孕育不在意识范围之内,而在意识之前(称潜意识)。灵感出现前,先在潜意识范围内潜滋暗长,一旦酝酿成熟,立即以意识的形态涌现出来,表现为灵感。科学的灵感具有三个特点:灵感引发的随机性,灵感呈现的暂时性,灵感呈现过程中伴随着强烈的情感作用。

从设计的角度来说,灵感就是从其他事物中发现解决问题的途径。其他事物的原型与所要创作的内容有某些共同点或相似点,通过设计师的联想,产生解决问题的新方法。

在我们周围的世界里,灵感无处不在:民族服饰、古代服饰、建筑、音乐、戏剧、电影等。设计师们通过旅游、参观展览、翻看流行杂志、访问各种网站等方式,都可能获得灵感。时装设计是一个造梦的过程,灵感就如一个个小小的火花,随时准备点燃那些有准备的头脑。灵感来源各式各样:

- 来自服装领域的灵感:古代服饰、民族服饰、戏剧服饰;
- 来自自然界的灵感:自然环境、植物、动物、人物;
- 来自姊妹艺术领域的灵感:建筑、绘画、音乐、舞蹈、电影、文学;
- 来自某些生活片段的灵感:旅游、游戏、恋爱、对话、历史事件。

为了获得灵感,搜集大量的流行信息成为设计师必做的工作;为了制订好的主题,设计师要把灵感转化成可感知的语言(文字和图像等);为了获得新的创意元素,设计师须再次投入到流行信息的海洋中去,不断地感受、吸收和创作。这个过程将周而复始,永不停息。

灵感来源多种多样,而每季的流行元素则是培育灵感的富饶土壤。

流行在 Fairchild 出版公司出版的《时尚辞典》(*Dictionary of Fashion*)里被定义为:"一种盛行于任何人类团体之间的衣着习惯或风格,是一种现行的风格,可能持续一年、两年或更久的时间。"

流行是文化潮流按一定规律循环交替成为主流的现象,从审美心理上来讲,这是人类追求新鲜感的本性所致。随着时尚文化的发展,消费者和服装制造者之间逐渐形成了一种默契的节奏:对流行的推动。在整个流行的环节中,制造者、文化传播及消费者结合成了稳固的三角组合,互为动力。制造商从消费市场中取得需要的信息,加以设计;媒体根据生产商提供的信息进行宣传;消费者从媒体中得到消费指引,如此循环。

流行是一种社会现象,并非设计师个人能够操纵的。作为服装设计师,除了应具有设计思维和创作能力以外,还必须能把握流行动向。一个设计师无论他多么富有精湛的技艺或设计才华,若他的设计不符合时尚潮流,也不可能成功。因此,从某种意义上说,一名时装设计师应该始终把自己放在时尚潮流的浪尖上,把自己的精神生活融入现在社会生活的方方面面,要密切关注这个世界,关心世界的政治、经济和文化生活。因为这些信息会提供关于服装流行的要素:不管是重大的外交活动还是体育赛事,或者某部影视作品,都有可能带来时尚的新潮流。所以设计师应是现代社会生活的积极参与者。

流行元素为新产品开发提供了风向标。流行具有延续变化性,在上一年该季流行的色彩、面料、细节,在新的一年里会以相应的方式稍加改变出现在大街小巷。但是改变的方式难以预料,这需要对潮流的走向有高度的预测能力、筛选能力、消化能力和创新能力。

筛选。虽然流行的浪潮席卷世界,但是并非所有流行元素都可以用在一个服装品牌中,因此用沙中淘金来比喻对流行元素的筛选一点也不为过。对于初入行的年轻设计师来说,巨大的流行信息量像轰炸机一样对他的眼睛和大脑不停地进攻;而对于有经验的资深设计师来说,在流行的大海中,他早已练就了敏锐的目光,很快就能发现可以为他所用的"珍珠"。

消化。筛选出来的流行元素,也不能毫不修改地照搬到自己的设计中。因为流行是众人的眼光造就的,而某个特定的服装企业的产品只针对特定的消费群,所以对选出来的流行元素,要加以分解、重组,以符合本企业风格以及本企业目标消费群的口味。

转换。通过对流行元素的筛选、消化和吸收,有才华的设计师有可能创造出新的设计元素,这种设计元素可以是由现有的流行元素转化而来,也可能表面看上去与它们毫不相干,甚至有可能引发新的潮流。这都是由于设计本身带有的突发性、不确定性、非理性和创新性造成的,这也是设计工作最大的魅力所在,创造新的流行。

新生。每一个服装品牌有自己特定的品牌精神,设计师们即使面对同样的奇思妙想,也必须设计出不同的作品,以符合不同的品牌风格。这个时候,收集灵感的大脑就像一个神奇的机器,各式各样的新鲜事物进入了这个机器,而从另一端出来的则是经过筛选和加工的元素,等待着被组合成符合某一特定品牌风格的作品。

如果哪一个年轻的设计师忽略了这一点,那么他就有可能会误入歧途。现实的生活中有太多浮夸的创意,既无法打动同行也无法打动消费者,在这些拙劣的作品中所能看到的只是对自己才华的自命不凡,而没有对顾客的体贴,这时所谓灵感就只是一种游戏的借口了。

在寻找灵感时,必须以自己所服务的品牌为依托。设计师的灵感和创意必须经受品牌本身和市场的考验。

主题设计

将灵感固定下来、转向设计的手段之一是主题设计。通常每个季度会根据上市时间划分不同的时间段,在不同阶段推出不同的主题系列,有些品牌也会在同一时间推出几个不同的主题系列。那么,什么是主题设计?为什么要进行主题设计?主题设计的内容是什么以及怎样进行主题设计?这些问题我们来一一探讨。

广义的主题包含文字概念、色彩概念、面料概念、款式概念等内容;狭义的主题则仅指文字部分(即文字概念)。当然,设计本身的非理性告诉我们,文字概念、色彩概念、面料概念谁在先谁在后是一个很难回答的问题,通常设计总监会将所有概念用同一个展板来表达。为了便于理解和学习,我们暂且将它们分开,按照文字概念、色彩概念、面料概念、款式概念这样的思路来进行讲述。

主题的确立,是设计作品成功与否最重要的因素之一。设计的艺术性、审美性以及实用性通过主题的确立而充分体现出来。而主题的确立又能够反映出时代气息、社会风尚、流行风潮及艺术倾向。

主题制定得好坏体现了设计总监的基本功力。设计总监的重要职责之一就是寻找各种新鲜灵感,收集各种流行信息,将它们吸收转化为符合本品牌形象的、新鲜的组合,制定出新季度的主题。因此经常可以看到设计总监花费大量时间去旅行,游览博物馆,在跳蚤市场驻足,或者参观现代艺术展等,他们常常为了制定出人意料的主题而绞尽脑汁。

主题对于企业、设计团队、产品都有重要价值。

主题与企业

主题设计之所以成为各服装品牌设计部的常用方式,是因为创意产业发现创意已成为高附加值的来源和竞争的焦点之一,而确定主题的过程则是将创意集中化、具象化的过程,因此这个环节显得格外重要。一些开发零散产品的小型企业只准备开发少量款式,它们着重追求以每个单款的设计吸引顾客眼球,有无主题设计或许无关紧要。但对于中大型自主开发新产品的企业来说,经过精心策划的主题则非常必要。鲜明的主题为设计师团队指出了明确的设计方向,为整个设计过程理清了思路,便于设计团队分工合作。在设计开发工作结束之后,主题还为将来企业在产品销售时奠定了最好的推广基础。在订货会上、零售商店里、海报和杂志上,独特而精彩的主题如价值百万的广告语一样宝贵。好的主题可以使企业形象更加鲜明,易于辨识。

主题与设计团队

主题对于整个设计团队有着指导和限制的作用。首先,主题就像是大海中的灯塔,引导着整个设计团队,所有设计都将围绕主题而产生。设计团队可以按照主题的划分分配任务。既可以按照不同主题划分设计组,也可以按照主题制定相应的任务进度、开发时间段。其次,每个主题从风格、色彩、款式和设计手法上规定了设计的方向,设计师可以根据主题来展开联想,选择最恰当的设计元素。这样的指引非常必要,因为每个季节都有太多资讯,设计师很容易感到混乱和无所适从。此外,由于有了大方向的限制,设计师的创意就不会违背本品牌的精神,不会超出本品牌的目标消费群的接受范围。这样,创意经过梳理,就可以成为恰当的设计。

主题与产品

没有主题引导的产品之间毫无联系,只是散乱的个体。而根据主题设计出来的系列产品将具有秩序化的美感。产品上市后,消费者既可以从不同主题系列中感受到发现差异的惊喜,又可以从同一主题系列产品中感受到易于搭配的便利。同一主题的产品可以形成整体氛围,便于零售陈列。

当然,主题在具体的产品开发中是可以进行局部调整的。最初的设计概念毕竟是模糊而笼统的,在进入到一定的设计阶段时,可能会发现最初确定的主题不够准确,不够流行,或者不够新鲜。随着设计思路的明朗化,可以对不够好的主题进行调整,使整体产品结构更完善。

好的主题可以为新产品宣传照片提供色彩、布景、摄影风格等精彩创意。好的主题也可以让时装评论记者写出能够吸引消费者注意力的文章。

主题概念板的内容

主题一般可以借助主题概念板来进一步表达,通过精炼的文字和各种相关图片来解释主题概念。很多企业会将主题概念板(通常用 KT 板或厚纸板制成)陈列在设计部内部,以激发设计师们的灵感,同时也可以供设计总监增减上面的图片或实物,调整设计思路。

一些年轻而鲁莽的设计师会一下子就埋头于款式设计,费尽心机地推敲结构线与细节设计。但是对于一个成熟的服装品牌来说,新季度产品的创新性并不仅限于款式的变化,甚至有的品牌常年销售的款式大同小异,设计的创意存在于色彩、面料、辅料、图案、搭配方式等许多方面,而主题的确立包罗万象,大有文章可作。

主题设计的过程

确定主题的过程是复杂而充满变化的,最重要的是从前期收集的大量素材中过滤出属于本企业或本品牌的独特设计风格。如迪奥女装品牌的前设计总监约翰·加利亚诺(John Galliano)以极其丰富大胆的创意著称,他的灵感来源来自于戏剧、宗教、古代服饰、民族服饰、绘画等,但是依然可以从他推出的每个新主题系列中清晰地感受到强烈而独特的风格,就是说他将所有元素"加利亚诺化"了,以至于即使你从一百米外瞥见他的服装设计作品,也能嗅到一股浓重夸张、奢华性感的加利亚诺味道。

这个设计过程可以大致分为以下几个阶段:

文字概念

狭义的主题指文字概念,是一个题目和概念,是对一种设计风格和设计思路的概括。由这样一个题目和设计概念可以引发一个有魅力的故事,丰富产品内涵,吸引顾客。通常,整个新季度的产品有一个大主题,然后每个系列产品各有一个小主题。所谓大的设计主题是指对总体服饰流行风格分析归纳后所设定的设计主题。如对世界主要服饰市场巴黎、伦敦、米兰、纽约和东京的发布会秀场分析,世界流行色的预测等,都是确立设计大主题的重要途径。确立了大主题之后,再就每一系列产品确定独立的设计主题。独立的设计主题应符合整体季度风格。

文字概念的形式多种多样,不拘一格。好的主题将文字的精彩作用发挥得淋漓尽致,使人产生奇妙的联想,在参加发布会或订货会的顾客心中留下深刻的印记。为什么时尚界需要如此奇异而华丽的文字? 就是因为这些文字如时尚界本身一样变化多端、瑰丽而具有诱惑力。设计主题的文字内容需要一定的才华和技巧,天才的灵光乍现是无法学习的,但技巧是可以掌握的。在这介绍其中一种方法:

确定风格——通过风格联想确定关键词(名词)——通过风格联想确定关键词(形容词)——通过风格联想确定关键词(动词)——将各种有意义的关键词进行混搭、颠倒顺序等——展开联想、创作主题故事。

从不同品牌发布会的主题可以看出:不同层次、不同风格的品牌需要截然不同的主题。维维安·威斯特伍德(Vivienne Westwood)的时装发布会主题需要夸张怪诞、出人意料的效果以体现叛逆的个人风格,因此她选择非常奇特的主题名称。而真维斯则属于年轻、运动感的休闲品牌,因此它的主题更加具有朝气和假日气氛,以吸引年轻的消费者。品牌在不同时期推出的主题应有共同的特征,这样,才能在一次又一次的新产品推出中,不断加强顾客对该品牌的认知。

色彩概念

色彩概念是指最能表达主题概念的一组色彩,而非单个色彩。这组色彩渲染出一种气氛,以感性的视觉元素进一步诠释了主题。

确定色彩概念的方法多种多样,可以将各种灵感来源的色彩进行组合与再创造,也可以从各种因素出发进行构思(如人文因素、信息传达因素、空间因素、材料因素等)。在这里重点谈谈确定色彩概念包含的两大内容:

① 单季色彩形象流行色与品牌色彩风格的结合

品牌的色彩策略与流行色有着密切的关系。即使有些品牌几乎只做单一的色彩,如常年只做黑色或白色的时装,但在装饰细节的色彩设计方面往往会考虑流行色的变化。

所谓流行色,是指在一个季节中最受人们喜欢、使用最多的颜色。流行色的预测是否准确直接影响商品的销售。在流行的全盛期,许多人选择同样的色彩、同样的花纹、同样的款式。时装品牌也推出迎合流行的设计,销售额往往会增加,因此每个品牌都相当重视流行色。色彩的流行变化是缓慢的,一个季节也并非只流行某一种颜色。流行色要经过数年的酝酿和培育,最后才能达到高峰,然后再缓慢地逐渐衰退,因此,流行色在数年前就很微妙地存在着。当那些看起来将要流行的色彩开始露头时,被人及早发现,有意识地培育,最后为大多数人使用,这才成为流行色。流行色的寻找和培育也体现了设计总监、设计师们的能力。色彩的流行,在某种程度上可以根据人们当时的心情、情绪和心理倾向以及实际在市场上流行的东西来进行分析和预测。但流行色很大程度上也是人为制造的,是国际羊毛局(IWS)、国际棉业振兴会(IIC)、国际流行色协会(Inter Colour)等流行趋势预测机构根据对该季节的市场分析和色彩分析,有计划地制定出来,并且通过每年两次的各种国际面料展向全世界发布的。

世界上有各种与色彩相关的信息机构,其中国际流行色协会是专门研究色彩问题的机构。这个协会创立于1963年,全世界有英国、法国、意大利、奥地利、匈牙利、比利时、保加利亚、荷兰、西班牙、德国等十几个国家加盟。总部设在巴黎,这里云集着从世界各国挑选出来的各领域的专家,每年二月和八月召开两次国际会议,分析各国代表带来的信息,发布预测的流行色。

抓住流行色只是工作的开始,只有将流行色和本品牌的色彩风格有机地结合起来,调和成新的品牌季度色,融入到新产品中,才是真正有价值的。设计总监的职责之一是收集各种流行色的预测信息,从中选择恰当的色系,将它们吸收、转化为符合本品牌形象的、新鲜的色彩组合。色彩概念可以通过色彩概念板来表达,即通过组合各种相关色调的图片来解释灵感来源,向企业内部其他人员(包括设计主管、设计师、设计助理、面辅料采购员、销售人员等)传达整体的色彩信息。

② 季度之间的色彩形象延续与变化

每个季度的色彩形象都会受到今年上一季度和去年当季色彩形象的影响,如2013年夏季的色彩形象,既会受到2013年春季色彩形象的影响,也会受2012年夏季色彩形象的影响,同时又会对2013年秋季和2014年夏季色彩形象产生影响。总之,品牌的色彩形象具有强烈的品牌个性和季节性,在季节之间既有连贯性,又有跳跃性。

色彩概念可以通过各种反映色彩感觉的图片来表达。

面料概念

面料概念指的是各种最能表达主题概念的面料组合。这种组合是意向性的,并非最终用于打板的面料。这组面料给出的是产品的整体色彩和质感风格,具体的样衣面料在面料计划表中确定下来。要表达面料概念,最好将真实的面料小样剪成齿状边缘,以一定的组合方式粘贴在概念板上。如果该面料还没有上市,则可以用相关图片代替,也可以辅以文字说明。

款式概念

每一个品牌的风格定位形成后便有了自己固有的款式风格,这在最初的产品定位中的款式风格定位部分讨论过。进入新的季节时,必须有新的款式变化,由设计总监选择一些符合这种新变化的图片传达给向设计师,并指引设计师如何将潮流融入品牌固有的款式风格,即所谓的款式概念。

综合表达

综合表达指的是将激发灵感的色彩、图象、实物以富有新鲜感的方式组合在一起。具体的视觉元素既可以更加清晰地表达主题,更有助于下一步设计工作的展开。设计总监通过所有这些主题概念(文字或图片)、色彩概念(图片或实物)、面料概念(实物或图片)、款式概念(图片或样衣)等,将存在于大脑里的灵感和设计构思转化成为其他人可以感知的东西。在主题概念板的制作过程中,设计总监的灵感也逐渐地由实物表达出来了。

企业内部常用的方式是由设计总监制定主题概念板。概念板上围绕主题陈列着一系列具有丰富表现力的图像,图像来源可以是设计总监自己拍摄的照片(旅游所得),也可以是书籍、杂志或网络上的图片。图片内容不拘一格,可以是具象的,也可以是抽象的,只要其中的色彩、肌理、纹样、气氛表达主题概念、面料概念、色彩概念即可。概念板上可以贴上实物,如新颖别致的布料、新开发出来的花边、新型纱线等,甚至可以放上粗糙的锈铁铜片、废弃的尼龙绳等,只要能激发设计灵感,都可以采纳。

设计战略中的设计元素

设计元素概述

元素是化学名词,是指构成事物的基本物质。设计元素借用化学中的元素概念,是指构成产品整体风格的最基本的单位,通常包括:造型元素、色彩元素、面料元素、结构元素、辅料元素、工艺元素、图案元素、部件元素、装饰元素、形式元素等。前一节探讨的主题设计是产品规划的大方向,在这一节,我们将关注细节。

款式是由设计元素相互组合构成的,因此设计元素的选择与搭配也就决定了服装款式的品质。每个品牌一定时期的设计由一个基本元素群构成,相对固定的设计元素群构成了品牌的基本风格。比如迪奥的服装多采用X型造型元素,搭配艳丽绚烂的色彩,塑造华丽性感的服饰风格;而香奈儿的传统产品一直采用 H 型造型元素,粗花呢面料搭配大的珍珠饰品,还有山茶花这种装饰元素,共同塑造并维持了近百年来经典的香奈儿女郎形象。如果一个品牌没有基本的设计元素群,也就意味着这个品牌缺乏相对稳定的品牌形象与定位,产品面貌必将混乱不堪。一个设计元素不可能实现服装产品系列,塑造完整的服装品牌形象需要一系列设计元素,造型元素、色彩元素、面料元素、结构元素是服装设计中不可缺少的四大设计元素。另外,辅料元素、工艺元素、图案元素、部件元素、装饰元素、形式元素等也很常用。

设计工作带有艺术工作的特点,人为的、随意的因素较多。化学元素共有 109 种,再发现一种新的化学元素将是人类科技又一次重大进步。然而,设计元素却没有这么严谨,种类也完全是人为的新发现、新创造。一个品牌不仅有常用的基本元素,在每一季的产品设计里,更会大量应用一些新的设计元素,以保持品牌的吸引力。如何在使用新的设计元素的同时保持住品牌的基本形象,这考验着每个设计师的功力。品牌服装不但强调熟练应用基本设计元素,不停吸收新的时尚设计元素,还强调设计元素间的搭配与协调,强调一个系列内的元素之间、一个系列与其他系列的元素之间的联系。

设计元素的分类:

- 造型元素——服装的廓型和各个局部的造型等;
- 色彩元素——色彩的色相、纯度、明度等;
- 面料元素——面料的成分、外观、手感、质地、厚薄、肌理感觉等;
- 辅料元素——辅料的种类、材质、形式、外观、手感等;
- 结构元素——结构的属性、规格大小、处理方式等;
- 工艺元素——装饰方法、缝纫方法、熨烫方法、锁扣方法等;
- 图案元素——图案的属性、题材、风格、套色、形式等;
- 部件元素——零部件的种类、造型、色彩等;
- 配饰元素——配饰的种类、材质、造型色彩等。

设计元素的来源

设计元素的来源分为直接来源和间接来源两种。设计元素的直接来源是从流行服饰上直接借鉴来的设计语言,各大时装发布会以及各个有影响力的名牌服饰都是创造流行设计元素的生力军,搜集、整理和分析这些品牌服饰的资料,可以从中直接筛选出对自己品牌有用的设计元素。此外,有的设计师在设计灵感的激发下,将某种流行文化或者时尚的行为、运动、科技等运用到设计中,形成设计元素。比如地域民族文化经常成为一个时尚关注点,普拉达(PRADA)品牌在 2005 年的成衣设计中加入了不少带有印第安民族色彩的刺绣和钉珠图案,很受消费者欢迎。在研究这个个案时不难发现,这种印第安风格的设计元素是以各种形式表现出来的:工艺或者图案,还有色彩和装饰,不一而足。这从另一个方面说明了设计工作的创作空间非常大,变化多,如何灵活熟练地应用各种服装设计语言,是设计师的必修课。

设计元素的应用

一个品牌的基本设计元素会在每季度的货品中重复出现,但所谓重复是指品牌文化的重现,而不是款式的重复。比如国内知名少女品牌淑女屋,其核心设计元素是绗缝工艺(工艺元素)、荷叶边造型(造型元素)及夹边应用(辅料元素)。淑女屋的大多数经典款式都包含以上三种元素,但每次应用的手法并不雷同。仅仅一个荷叶边,荷叶边的造型方式、造型位置、色彩搭配、材质选择都会使服装呈现出不同的外观效果,使得每一件服装在风格上大同,细节上小异。因此,即使是基本元素,其稳定性也是相对而言的。

企业的基本设计元素群相对保持稳定,在此基础上会根据每一季度具体的流行情况加入一些适合自己品牌发展的新的设计元素。比如日本品牌高田贤三的核心设计元素是对花型面料的应用,但在2006年春夏成衣的设计里,高田贤三加入了以往较少应用的运动感设计元素,这种改变是受近年来运动风格大行其道的影响。高田贤三在加入这些运动元素时,注意在服装的款式造型上保持日本传统服饰风格的特征,这种保持是对改变的一种平衡。

选定设计元素以后,要将它们很好地组合起来绝非易事。在所有设计元素中,有些是流行元素,有些是常用元素,有些则是冷僻元素。设计元素的应用就是选择设计元素进行组合,使用流行元素和冷僻元素都能引起人们的注意。在应用设计元素时,要注意以下几种方法:

重复与单纯

重复是指在一个产品上数次出现相同的设计元素。一个简单的设计元素依据一定的方式出现数次以后,这一设计元素将变得不再简单。单纯是指在一个产品上尽可能少出现相同的设计元素,并且控制其他不同设计元素的出现。

强调与弱化

强调是指对某些设计元素进行数量上的夸张,使其在产品的设计元素群中地位突出。弱化是指对某些设计元素进行量态上的低调处理,使其在产品的设计元素中处于从属地位。

完整与割裂

完整是指在产品中保持设计元素造型的完整性,具有完整的、可辨的、直接的观感。割裂是指把设计元素进行分离,将其中一部分运用在产品中,具有抽象的、变异的、简化的观感。

原形与变化

原形是指利用设计元素的原生状态,不作性质和形态的变化,仅作量态的调整,视觉效果稳定、直观。变化是指改变设计元素原来的性质或形态以后,再调整其量态,具有多变、奇特的视觉效果。

选择恰当的设计元素进行组合之后,新季度产品的设计思路更加清晰,设计师们可在此基础上变化出更多的设计细节,形成丰富而统一的整体效果。设计元素每年都变化多端,设计师将发挥更大的作用,因为他们在设计最前沿,对大街小巷已出现或即将出现的设计元素比较敏感。所以,这也是设计师们重要的工作内容之一。

人物专访

扫以下二维码,查看人物专访。

案例分析

扫以下二维码,查看某品牌主题企划。

课后习题

请选择一个你感兴趣的目标品牌进行品牌策划分析,并为自创品牌进行品牌策划。

第三部分

计 划 篇

第七章 | 服装设计的程序管理

从设计思维看服装设计的程序管理

世界著名的斯坦福大学设计学院把设计过程归纳成一套科学方法论——设计思维(Design Thinking)后,迅速风靡全球。它一共分为以下五个步骤:

- 移情(Empathy)——收集对象的真实需求;
- 定义(Define)——分析收集到的各种需求,提炼要解决的问题;
- 头脑风暴(Ideate)——打开脑洞,创意点子越多越好;
- 原型制作(Phototype)——把脑子中的想法动手制作出来;
- 测试(Test)——优化解决方案。

从上述五个步骤来看,设计的过程可以化繁为简,理顺关键流程,就能解决问题。本书第二部分战略篇,正是完成"移情"(消费者调研)和"定义"(主题策划)这两个阶段的任务。而"头脑风暴"阶段对应服装产品开发中的"灵感搜集"、"流行信息搜集"的部分,"原型制作"阶段对应服装产品开发中的"制作样衣"阶段,"测试"阶段对应新产品的小批量"试销"阶段。但服装产品与一般产品不同,它最显著的特性就是变化无常,对外界各种因素极为敏感,流行周期短,用户需求丰富,用户体验细腻。所以,依据不同的用户群、不同的品牌模式,服装设计流程会有很大差异。以下重点讲述两大具有代表性的品牌类型的设计流程,它们分别是设计型品牌的设计流程和买手型品牌的设计流程。

两大代表性品牌的设计流程

如何定义设计型和买手型服装品牌?

从设计的模式来定义,设计型品牌是指可独立开发出具有鲜明品牌个性产品的品牌;买手型品牌是指对买手采购回来的产品进行筛选、改良后,开发出符合品牌定位的产品的品牌。

这两种设计流程最大的区别在哪里呢？我们以两个极具代表性的案例来进行对比和说明：一个是世界顶级的服装奢侈品牌迪奥（设计型品牌），一个是目前发展极为迅猛的零售新力军名创优品（买手型品牌）。一个品牌有超过大半个世纪的悠久历史，一个则刚刚成立几年。《迪奥与我》这部迪奥公司拍摄的记录片，向全世界披露了高级定制工作坊的工作实况，全程记录了当时的设计总监拉夫·西蒙（Raf Simons）入主迪奥后的第一场发布会；而名创优品则出版了《名创优品没有秘密》一书，向全世界公开自己的经营模式。

　　［推荐电影：《迪奥和我》(*dior and I*)，推荐阅读：《名创优品没有秘密》。］

设计型品牌的设计流程

　　作为设计型品牌的经典代表，迪奥的新品设计流程如下：

　　研习品牌过去的经典设计与版型——寻找新的灵感——绘制设计草图——制作坯布样衣——调板——用正式面料制作服装——调板——新品发布会——客户下订单——量身定做。

　　国内外传统的服装品牌企业基本上都按照这种流程进行每季的产品开发工作。

买手型品牌的设计流程

　　名创优品"被誉为无印良品和宜家在中国最可怕的竞争对手"，其产品开发流程如下：

　　商品中心每周召开选样会——评审买手的提案——初选新品——联系供应商——制定具体的产品开发方案——小批量试产——试销一周——销售反馈——大规模销售(详见人物专访：名创优品设计总监三宅顺也)。

　　学习和对比这样两个截然不同的案例，能获得怎样的启发呢？从迪奥本人的传记和电影《迪奥和我》的拉夫·西蒙的设计过程中，并没有看到设计师将重点放在聆听客户需求上。当然，迪奥的高定客户们有权要求迪奥的高级板房主管根据她们的旨意对衣服进行局部微调，所谓量身定做。而事实上，迪奥先生被当时的媒体称之为"温柔的暴君"，也就是说，他是一个非常强势的设计指导者，顾客们崇拜他，为他的设计所倾倒。在"设计师——消费者"的关系中，设计师是强势的一方，而消费者是被引导的一方。所以，整个设计流程的起点是设计师心目中的灵感缪斯——她。这个"她"可能有现实版，也有可能是一个虚拟的完美的"她"。而整个时代都想成为这个完美的"她"。

　　买手型品牌则不然，倾听客户需求成为最重要的一个环节，这正是设计的起点。买手们在全球各地采购回来的新鲜产品，反映出这个时代最新的生活方式。买手型品牌真正面临的挑战是快速反应能力，因为消费者太善变了！所以，名创优品建立了庞大的产品即时反应数据库，设立了产品体验官的职位，全方位地捕捉消费者的动向，建立了独特的快速反应机制。

　　这两种模式孰好孰坏？没有定论。前者历经半个世纪依然屹立不倒，依然是世界上最顶级最美丽的品牌之一；后者则在短短几年内迅速崛起，在全球开店已达数千家，成为零售业萧条背景下的一道奇观。通过学习这两个著名品牌案例，可以看到不同的设计流程带来的巨大差异，而这种差异若与品牌自身的优势资源很好地结合起来，可以创造出丰硕的成果。可见,条条大路通罗马!关键是:选择一个适合自己的设计流程。

人物专访

扫以下二维码,查看人物专访。

案例分析

扫以下二维码,查看某品牌的开发流程。

课后习题

请模拟一个品牌并设计出自创品牌的开发流程。

第八章 | 服装设计的任务管理

设计任务的分解

随着消费市场的日益细分和快速变化,服装设计全部由一个人独立完成的局面已经彻底被改变,除非是一个只做少量衣服的小型工作坊,否则,分解设计任务、由设计团队分工合作完成任务是非常必要的。

服装设计任务分解在任务管理中极其重要,分解是否合理对服装设计的时间管理、成本管理、品质管理、甚至风险管理都至关重要。

分解的要点是:

· 相对独立。在整个设计项目的进行过程中,可将能相对独立的小活动作为分解点;

· 风险点。在整个设计项目的进行过程中,找出容易出问题的风险点作为分解点并重点关注,必要时配置更多资源,比如时间、资金、人员等,甚至做好预案;

· 独立负责人。分解点无论大小,必需有独立负责人负责,如果只能多人负责则必须继续分解;

· 关联性。在整个设计项目的过程中,了解分解点的前后关联性是分解点排列的前提。

工作分解结构

工作分解结构 WBS(Work Breakdown Structure)就是根据需要和可能,将项目分解成一系列可给予管理的基本活动(亦称工作),以便通过控制各项基本活动的进度来达到控制整个项目进度的目的。

工作分解结构的价值

· 有助于制定一个完美、合理的项目计划;

· 通过工作任务的界定,团队成员可以清晰地知道自己相应的职责和权利;

· 将项目分解成具体的工作任务或工作包,团队成员将会更加清晰地理解任务的性质及其努力方向；

• 通过项目分解，可以确定完成项目所需的技术、人力、资金、时间等资源，从而为项目计划制定提供基线；同时也为具体实施中对项目的资源配置、时间进度、成本费用等的及时调整和纠正提供切实依据。

任务管理的工具

只要活动或设计项目的量较小且相互独立，甘特图就是很有效的工具（甘特图将在第九章详细讲解）。但它不适用于复杂的大型设计项目，特别是不能清楚地表示众多相对独立的团体活动之间的依赖性，因而，人们基于网络特别研制了 PERT 网络分析技术（Program Evaluation and Review Technique）来克服甘特图的不足。PERT 网络分析技术和 CPM 关键路径法（Critical Path Method）基本一致，主要区别是前者每个活动的工期是不确定的。前者出现较早，适合大型项目的计划与管理，后者则更注重 PERT 网络图中的关键路线部分的设计。在此仅详细说明 PERT 网络分析技术。

PERT 网络分析

PERT 网络分析技术最初是在 20 世纪 50 年代末开发北极星潜艇系统中，为了协调 3 000 多家承包商和研究机构而开发的。这个项目的复杂性难以想象，要协调几万种活动，据报道，由于 PERT 的应用，使北极星潜艇项目提前 2 年完成。

PERT 网络是一种类似流程图的箭线图，描绘设计项目中各项活动的先后次序，标明每项活动的时间或相关成本。它的重要特征是直到所有前项活动完成后才能紧接着开始下一项活动。也就是说，PERT 图是连贯且非循环的，通常由一个唯一节点表示项目开始，另一个唯一节点表示项目结束。"连贯"的含义是指从起始节点开始沿着箭线方向可以到达网络的任何节点，"非循环"的含义是指各项活动的进行顺序从起始节点到结束节点既没有中断，也没有封闭的循环。

PERT 图是一项用于大型设计项目管理的方法，其结果是指出一条从头至尾完成设计项目的关键路线或由各项活动组成的不间断活动链，完成这条关键路线上的任务所需的时间是完成总任务的最短时间。关键路线上的任何活动开始时间的延迟都会导致设计项目完工时间的延迟。正因为关键活动对设计项目完工十分重要，它们在资源分配和管理上享有最高的优先权。基于管理的"例外"原则，关键活动即是需要密切关注的"例外"，否则可能造成瓶颈现象。因此，PERT 图又称为关键路径图，可以使管理者在监控设计项目进程的同时，识别可能的瓶颈环节，在必要时调度资源，确保设计项目按计划进行。

PERT 图很关键的一点是准确预估每项活动的时间，可以通过一些公式简单估算每项活动的完成时间。以乐观时间（t_o）表示在理想条件下完成活动所需时间；以最可能时间（t_m）表示在正常情况下活动的持续时间；以悲观时间（t_p）表示在最差的条件下完成活动所需时间，则期望的活动时间（t_e）的计算公式为：

$$t_e = \frac{t_o + 4t_m + t_p}{6}$$

PERT 网络案例

为了说明 PERT 网络的机理,让我们看一个简单的案例。假设你是一家服装公司的设计部门管理者,公司将组织一场大型品牌推广发布会,你负责监督整个发布会的策划制作过程。时间就是金钱,你必须确定组织一场大型发布会所需要的时间。将整个设计项目详细分解为活动和事件,表 8-1 概括了主要事件,并用上述公式对完成每项活动所需估计时间进行计算,图 8-1 是根据表 8-1 的数据画出的 PERT 网络图。

表 8-1 大型发布会的 PERT 网络

	事件	描述	期望时间(周)	紧接前一事件
A	企划发布会和审查方案		2	—
B	确定颜色和选购面料		1	A
C	款式设计		4	B
D	调试板型		6	C
E	工艺设计		6	C
F	缝制服装		6	C
G	调整试穿		2	D/E/F
H	编排		2	G
I	配饰设计和制作		4	D
J	音乐和灯光编排		1	I/H
K	彩排和舞台设计		1	J

图 8-1
PERT 网络图

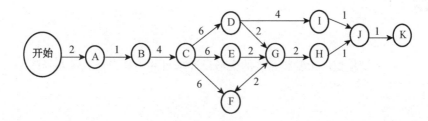

要知道,网络分析并不能解决设计项目管理中所有内在问题。项目网络指出了活动的进行顺序,对大多数设计项目来说,可采用多种不同的战略。选择何种战略往往取决于技术因素和项目所涉及的人的因素。在设计项目实施过程中,需要复审和修改项目网络图,因为有些活动可能会从时间表中删去,有些资源在需要时可能会得不到。复审和修改项目网络可能会非常耗时,必须征求设计项目中每个人员对预计改动内容的意见。复审和修改项目网络图的过程是一个连续过程,如果利用电脑软件来做会容易得多。

　　运用网络模型的第二个问题是推导出活动的预估时间。显然,预估错误会影响设计项目计划的准确性。通常需要找一些在过去类似的设计项目中有相关经验的专家进行咨询,但要想得到准确的预估时间也很困难。另外就是活动预估时间的偏差问题。比如说,一个人完成一项活动实际需要 8 天时间,而他为了给自己留下余地,预估了 10 天时间。为了避免这样的问题,可以收集过去设计项目的实际时间,开发数据库,为一般活动提供预估时间。比如,将项目细化到车缝一条裤子,可以参考过去车缝裤子所需时间来估计项目时间。

　　总之,对于服装设计管理者来说,设计项目管理非常重要,它包括活动的计划、进度表和控制,这对设计项目成功完成是非常必要的。对于不太复杂的小型设计项目来说,甘特图是进行管理的好工具(详见 P55)。但对于包括很多独立活动的大型设计项目来说,甘特图则显得力不从心,PERT 网络分析技术可以成为管理复杂设计项目的工具。

案例分析

扫以下二维码,查看某品牌工作分解表和关键路径图。

课后习题

请模拟一个服装品牌的大型设计项目并为其设计关键路径图。

第九章 | 服装设计的时间管理

时间管理的原则

时间管理最有效的原则就是最后期限（Dead Line）原则。先设定好每个阶段的最后期限，然后倒推每个局部任务的完成时间。这样把大蛋糕切成小蛋糕的时间计划方式，通常可以将复杂的大任务分解成简单的小任务，一步一步地完成小任务，大任务就容易控制了。在管理学中有很多时间管理工具，其中，甘特图是最简单、最实用的工具，它以二维图表的形式直观地呈现出每段任务的起止时间点，还能并置不同任务，便于总体统筹。

在使用时间管理工具前，先分解服装设计项目的工作结构，如第八章所述。

时间管理的工具

甘特图

甘特图是亨利·甘特（Gantt Chart）在 1916 年发明的，被用于确定设计项目中各项活动的工期，又称为横道图、条状图。甘特图依据日历画出每项活动的时间表，通过条状图来显示项目、进度及其他与时间相关的系统进展的内在关系随着时间进展的情况。因此，甘特图可以根据计划形象地描绘各项活动的进度，监督项目的进程，是一项很有用的工具。

图中，横轴表示时间，纵轴表示活动（项目）。线条表示在整个项目期间活动的计划和实际完成情况。甘特图可以直观地表明计划在何时开展活动，及实际进展与计划时间的对比。管理者由此可以非常便利地弄清每一项任务（项目）还剩下哪些工作要做，并可评估工作是提前、滞后，还是正常进行。除此以外，甘特图还有简单、醒目和便于编辑等特点。所以，甘特图对于项目管理是一种理想的工具。

应用甘特图的第一步是把设计项目分解成离散的小活动。"离散"意味着每项活动都有明确的开头和结尾。设计项目分解后,这些活动的顺序也就确定了。可是,这项工作说起来容易做起来难。通常,执行设计项目有多种战略,哪种最好可能并不明显。有经验的设计项目管理人员要全盘考虑其他人在设计项目中的利害关系,最终确定采用哪个顺序。甘特图也要求预估每项活动所需时间。假设设计项目的工期是确定和已知的,这也意味着假设确切知道每项活动要花费多少时间。当然,这并不一定现实,但这确实有助于管理设计项目的估算。

甘特图的运用案例

甘特图适用于规划周期性和重复性相对简单的设计项目的进度,因为工作的顺序是明确的,而根据过去的经验,每项活动所需的时间也已知晓。图 9-1 绘制的是某公司系列产品开发的甘特图,在图的右下方以月为单位表示时间,主要活动从上到下列在左边。计划需要确定产品开发包括哪些活动,这些活动的顺序,以及每项活动应当持续的时间。其中粗线条表示活动目标计划,双线条表示活动的实际进度。甘特图可以作为一种控制工具,帮助管理者发现实际进度偏离计划的情况。在本例中,除设计款式按计划完成外,其他都有所偏离,其中收集资料缩短半周,制板延长一周,生产备料延长一周。设计项目管理者可以根据这些信息进行调整。

下面以某公司 2017 春夏系列产品开发及宣传册制作这一任务为例,分析甘特图的应用。如图 9-1、图 9-2,表 9-1、表 9-2。

表 9-1　某公司 2017 春夏系列产品开发原始数据表

主要活动	计划开始日	天数
收集资料	2016/9/10	35
设计款式	2016/9/22	71
制板	2016/10/5	65
生产备料	2016/10/14	75

图 9-1
某公司 2017 春夏系列产品开发甘特图

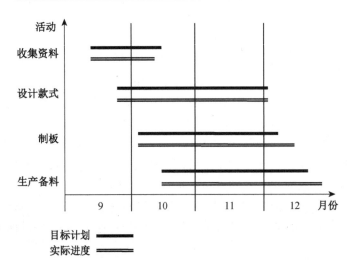

表 9-2　某公司 2017 春夏系列产品宣传册制作原始数据表

主要活动	计划开始日	天数
设计版式	2016/1/1	30
制图	2016/1/17	42
打印模板	2016/2/1	59
印刷校样	2016/4/1	10
设计封面	2016/3/1	18

图 9-2
某公司 2017 春夏
系列产品宣传册
制作甘特图

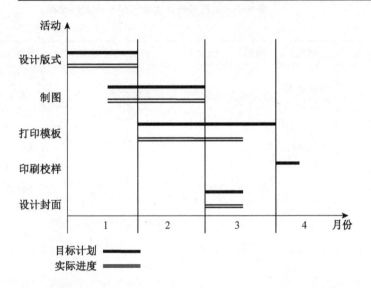

甘特图之所以得到普遍接受是因为它的优点十分明显：既形象，又容易制图和掌握。然而，更重要的是具有很强的计划性。为了制图，设计项目管理者要认真思考活动进度和资源需求。

项目计划表

项目计划表以表格形式反映设计项目计划的内容。项目计划表通过列表汇总项目计划指标或要完成的工作项目，表达服装设计工作计划的基本内容。通常项目计划表配合使用甘特图，能让管理更加清晰易控。编制项目计划表时一般要注意以下几个事项：

要符合一定的格式要求

表格一般要有名称、编号、编制日期、编制部门或编制人、审核人、批准人等内容。企业可根据自己的实际情况规定项目计划表格的格式要求。

设计要准确，内容要完整

服装设计项目一般包括很多方面的内容，所以，项目计划表格要将这些内容完整准确地表达出来，避免遗漏。另外，为使项目工作计划能得到顺利实施，表格中还要在一定程度上体现出主项目计划和派生项目计划之间的相互联系，通常在主表制定后还要制定更多的副表来控制时间，比如月计划表、周计划表、日计划表等。

责任清晰

为了有效执行设计项目计划,每个环节都必须有明确的负责人。

目标明确

制定计划表时,可以为每个环节制定相应的目标,让负责人清楚自己负责的工作的最终结果要求,以便自查,也更明晰总监的要求。

以下是某服装设计大赛前期准备工作流程,因为事项多且杂,可以用设计项目计划表有效控制时间,确保大赛顺利举行。

表 9-3 某服装设计大赛前期准备工作流程

日期:2016/02/26—2016/03/14

日期	内容	时间	地点	活动项目要求	负责人	参加人员
2月26日	看服装表演样板	20:00	205室	四大主题服装	Ms Z	Ms J、Mr T、Ms H,男、女模特各一
2月27日	广告设计	20:00	106室	电子杂志,工作证,选手证,节目单设计	Mr T	Ms J
	文案			效果图展览前言,主持人串词,领导讲话稿(初稿)	Ms Z	Ms J
	音乐			完成音乐合成(开幕式,晚会)	Ms H	Ms J
2月28日	主持人落实			广东电视台男主持人1名,南方电视台女主持人1名	Ms J	
2月28日	评委落实			中国十佳设计师 Ms J 中国十佳设计师 Ms D 中国十佳设计师 Ms L 中国十佳设计师 Mr O 中国十佳设计师 Ms L	Ms J	
	展架租借落实			租借20个展架	Ms W	
3月2日	文案		212室	电子杂志,工作证,选手证,节目单设计	Ms Z	Ms J
	化妆造型	10:00		效果图展览前言,主持人串词,领导讲话稿(初稿)	Ms Z	Ms J、Mr T、Ms H
3月3日	公证员落实		文化局	定公证员两名	Ms J	
	效果图展设计工作	20:00	106室	电子杂志,工作证,选手证,节目单设计	Mr L、Ms P	Ms J、Mr T、Ms P
3月4日	效果图展前期准备	10:00		效果图展览前言,主持人串词,领导讲话稿(初稿)	Ms P	

日期	内容	时间	地点	活动项目要求	负责人	参加人员
3月5日	开幕式前期准备	10:00	208室	电子杂志,工作证,选手证,节目单设计	Mr W、Ms J	
	选手作品效果图展前期准备			效果图展览前言,主持人串词,领导讲话稿(正稿)	Mr H	
				安装展架	Ms P	工作人员
	模特试衣	19:00	601室	模特试衣	Ms H、Mr H	模特及广州选手
3月6日	效果图布展	8:30	演出广场	选手效果图宣传画展	Ms P	工作人员
		8:30		大巴车、搬家公司到位	Mr W	
	开幕式彩排	全天		模特彩排	Ms H、Ms W	60个模特及工作人员
3月7日	开幕式演出	8:00—11:00	演出广场	模特演出	Ms H	60个模特及工作人员
		8:00—11:00		宣传片制作人员,摄影人员,现场摄影	Mr W	摄影师
3月8日	观看宣传短片初稿	20:00	106室	宣传短片内容的编辑	Mr W	
	雨棚落实			落实租借雨棚	Mr W	
3月9日	奖杯落实		208室	奖杯,获奖证书,嘉宾签到本、笔	Ms W	
3月10日	选手安排	8:00	208室	选手报到并安排食宿	Ms P、Ms W	各选手
	舞台灯光工作	14:00	演出广场	搭建舞台,灯光设备进场	Mr W	广东电视台工作人员
	表演服装道具制作	10:00	道具室	服装道具制作完成	Ms Z、Ms Z	
3月11日	设备调试	20:00	演出广场	音响、灯光调试,舞台搭建	Mr T	广东电视台工作人员
	大赛,模特试衣	9:00	601室	模特试衣花絮拍摄	Ms H	选手、模特、穿衣工、拍摄人员
	选手返程车票			帮选手订购返程车票并报销来程车票费用	Ms W	各选手
	宣传短片制作	20:00	208室	宣传短片制作完成	Mr W	Ms J、Mr T

日期	内容	时间	地点	活动项目要求	负责人	参加人员
3月12日	大赛演员、模特熟悉场地	7:30—12:00	演出广场舞台	大巴车接演员、模特,演员、模特实地排练	Ms H	模特、演员及工作人员
	观众席搭建	10:00—14:00		搭建观众席、雨棚	Mr W	工作人员
	化妆	14:00—17:00		化妆	Ms Z	化妆团队
	设备调整	19:00—20:00		灯光、音响、摄影、摄像最后调整	Ms H、Mr T、Ms J	广东电视台工作人员
	大赛人员、模特彩排	20:00		模特、演员全体带妆穿衣彩排	Ms H	模特、演员及工作人员
3月13日	模特、演员最后阶段彩排,调整	9:00—12:00	演出广场	大巴车接演员,模特演员最后彩排调整	Ms H、Mr W	模特、演员及工作人员
	礼仪到位			接待领导嘉宾	Ms J	
	化妆	14:00—17:00		化妆	Ms Z	化妆团队
	进场	18:30—18:59		观众进场,嘉宾签到,播放宣传短片	Mr W	Ms W、Mr H、Ms J
	撤场	22:00		舞台、灯光撤场,演员、工作人员离场	Mr W	搬家公司
	奖金发放	22:00		发放获奖选手奖金	Mr T、Ms W	获奖选手
	结算音响师报酬	22:30		结算音响师报酬	Mr T、Ms W	
	效果图撤展	22:00		搬家公司到位	Mr W	
3月14日	退房	12:00	演出广场、附近酒店	帮助选手退房	Ms W	

案例分析

扫以下二维码,查看某品牌开发的甘特图。

课后习题

请为自创服装品牌季度产品开发工作设计甘特图,并制定季度设计项目计划表。

第十章 | 服装设计的成本管理

服装设计与成本

成本及制造成本

　　成本是指服装企业为设计开发一定的产品而耗费的资产或劳务的货币表现,成本一般由两大内容组成,即直接费用和间接费用。

　　服装产品的总成本按传统计算方法,应为:

$$总成本 = 一般管理销售费用 + 制造成本$$

　　制造成本一般分下面三类:

材料费

　　· 直接材料费——面料、里料、辅料(衬料、缝纫线等)、配料(钮扣、拉链、装饰珠、装饰片等)等的费用;

　　· 间接材料费——缝纫机油、缝纫针、缝纫机零件费、工具等的费用。

劳务费

　　· 直接劳务费——一线员工基本工资、计件工资、加班费、奖金等;

　　· 间接劳务费——间接工人工资、临时工工资、福利费等。

加工费

　　· 直接经费——工艺制作费、样衣试制费、外加工费等;

　　· 间接经费——设备折旧费、税金、水电费、卫生费等。

　　一般来说,在服装制造总成本中,物料成本约占 40%,裁床部拉布、裁剪损失占 1%,加工费用占 29%,其他约占 30%。不同品牌其成本比例会有所不同。

服装设计成本管理

　　服装设计成本管理分为服装设计活动成本管理及服装样衣成本管理两个部分,下面分别进行讲述。

服装设计活动成本管理

服装企业在产品策划及设计的开发活动中,不可缺少地要为其产品设计开发付出各种各样的费用,根据支出发生的原因和目的,分别进行归类后,即成为服装设计的成本。因此,服装设计成本又可理解为设计开发中所发生的各种费用,也就是间接成本,如人工、耗材、设备等。设计活动中的成本与整个设计过程的时间成正比,时间越长设计成本越高,所以设计管理的目的就是提高设计效率,减少设计损耗,提高服装样衣的采用率。

服装样衣成本管理

服装设计的具体内容和细节决定了样衣的制造成本,是决定服装产品的款式(裁剪方式、结构难易程度)、使用材料(面料、辅料、配料)及技术要素(装饰工艺、加工法)等内容的主导因素。一般认为制造成本的 60%~80% 取决于设计,服装设计部门是决定产品成本的关键。服装样衣成本也就是直接成本,即面料、辅料、配料、制造费及工艺费等。

服装设计成本控制

不管是后期服装上市时的产品定价,或中期检查时审核设计阶段的样衣成本,还是前期开始设计时设定目标成本,最重要的是在产品策划阶段事先进行成本预算。

服装设计成本预算

整个服装产品设计开发过程的时间长短是影响服装设计成本的主要因素之一,而设计时间的长短一方面与品牌的定位要求有关,定位越高设计越细致化,所需时间越长;另一方面与设计管理是否到位有关,比如设计师的设计稿采用率是否高,样衣返工率是否高等。服装设计成本预算的关键是合理预测整个产品设计开发过程的时间。

第一步目标的制定,要在预算之内按时完成设计开发工作,设计管理者需要掌握设计项目的任务组成、设计周期和相关的时间成本等情况,要不断地总结经验,将时间预估到恰到好处。

第二步,则是合理分解任务并配置合理的时间,这个可以结合前两章所讲的任务管理及时间管理的方法和工具,重点是找出关键点,配置更充足的时间,以此控制风险,并使预算的时间更加合理。

预算的方法有从上到下预算法和自下而上预算法。从上到下预算法需要设计管理者有足够的经验,先预估整个设计项目的时间,然后将任务合理分解后再逐一配置时间;自下而上预算法则反之,从设计任务的结果反推总体时间,即给出最后期限(Dead Line),再反向配置时间,这种方法对经验不足的管理者更易于操作。不管哪种方法,找出关键点都是非常重要的。

服装设计成本控制

在预算做好后,分阶段审核设计任务的完成情况是服装设计成本控制的关键,也可以从以下几个方面入手:

款式造型和结构的控制

造型和结构的难易程度往往对打板和样衣制作时间影响很大,适当地规范和控制造型和结构是服装设计管理者应该思考的问题,即使是品牌定位的需要,对新造型和结构的加入比例也要有所控制。

工艺细节的控制

很多时候服装上的工艺细节虽然不多,但设计不合理就会增加制作的难度,比如绣花或钉珠的部位不同,难度也不一样,甚至有时会成为制约工期的环节,设计管理者应根据以往的设计经验严格把控细节设计,控制服装设计成本的增加。如果需要尝试有难度的工艺或者新工艺,则要给出足够的预估时间,尽量将其安排在设计与企划项目的前期。

现代技术的应用

CAD 就是"Computer Aided Design"的缩写,意思就是计算机辅助设计,那么服装 CAD 就是计算机辅助服装设计,一般有设计系统(款式、色彩、服饰配件等),出样系统,放码系统,排料系统等。服装 CAD 是在 20 世纪 70 年代发展起来的,到现在服装 CAD 设计软件已经越来越完善了。

设计师可以用服装 CAD 设计系统在电脑上设计服装款式、面料以及色彩。电脑中存储大量的款式和花样供设计师选择和修改,设计过程大为简化,可提高设计效率,减少设计师的工作量。特别是设计师可在电脑屏幕上与顾客共同讨论款式花样,按照客户要求随时进行修改,并且可以在计算机屏幕上实现试穿效果。而且服装设计的信息存储在计算机内,可随时调用,便于管理,也便于与后续的生产系统如放码系统、排料系统等衔接,提高服装企业的整体工作效率。

服装样衣成本控制

服装样衣成本预算

服装样衣成本预算是设计部门对处于样衣制作阶段、尚未批量生产的服装样品,为了决定其是否生产而事先测算的产品成本,是事先控制产品成本的有效手段。

一般来说,样衣成本是批量生产的成衣成本的 4~8 倍,设计研发阶段在人力、物力、财力上的损耗都是相当大的,此处不讨论如何减少设计费用,仅仅了解一下服装样衣成本的预算。

每个设计师都必须学会服装样衣成本的预算,每个设计稿完成前,设计总监都应要求设计师先将预算成本控制在目标成本内,然后再评价设计的好坏,最后决定是否试板。

每个公司经营状况不同成本计算就不同,通常服装样衣成本包括两大部分,第一部分是材料费,如面料、里料、辅料、配料、装饰品的费用,有些款式甚至上面的烫钻都要一颗一颗计算清楚;第二部分是制造费,如生产工时费及工艺制作费等,不管是否外发加工,这个都必须进行预算,特别是现在国内人工越来越贵,工时费也越来越高。当然,预算更多是通过以前的加工费来推算的。

　　服装样衣成本预算的方法通常是根据之前的销售状况评价及市场调研分析,先确定本季服装产品的大概定价范围,然后由此来推导出样衣成本价格,也就是设计师必须知道的目标成本。让设计部门所有人员清楚每季策划的产品目标成本是设计总监的任务之一。

服装样衣成本控制

　　服装样衣成本控制是成本控制的首要环节,是成本控制的重中之重。设计阶段的样衣成本控制就是对服装产品的市场需求、设计定位、材料的选用等进行技术经济分析和成本功能分析,选出最佳方案。其重点是首先做好市场调研,掌握第一手资料,明确新开发服装产品的价格底线并据此制订出合理的目标成本,力求设计方案能做到以最少的人力、物力和财力达到规定的最佳设计要求。每个设计方案完成后都要先进行成本论证,推算构成产品的材料费和制造费是否超出目标成本,否则就要在各种替代材料中进行比较或者简化款式设计、工艺设计,改进设计方案,应尽量将成本控制在目标成本之下且不影响品牌定位要求。

　　服装样衣成本控制可以从以下几方面来考虑:

建立品牌的核心产品体系

　　服装设计虽然每季都在不断变化推新,但每个品牌应该根据自己的定位逐渐建立自身的品牌核心产品体系。核心产品体系是品牌不断总结出的经典款,从设计要素、版型结构、廓型特征等方面在每季重复出现以实现产品的关联和延续,也是消费群体对品牌认知识别的核心,同时也能节约服装设计开发的成本。而每季的流行元素应根据消费群体的认知程度适度地添加,补充品牌核心产品体系并丰富服装产品系列。

加强服装设计程序的管理

　　不断优化服装设计程序,使设计过程的每个环节都根据成本预算制定相应的目标成本是控制成本的有效办法。通过有效管理可以减少样衣淘汰率。比如在设计前,明确告知设计师面料的目标成本,可以帮助其在设计时从面料搭配或结构上控制设计;在设计前,明确告知设计师刺绣工艺等的目标成本,可以帮助其在设计时从图案设计或运用位置上控制设计等,而不是等设计图出来后才修改或否定。

建立长期的合作伙伴关系

　　越来越多的现代服装企业开始分工协作关系,比如专门开发面料的公司、专门的生产加工企业、专门做刺绣的工艺厂等。根据企业自身的品牌定位,与他们建立长期的合作伙伴关系尤其重要,这样既能保证服装产品的质量,也能有效控制成本。

运用现代技术辅助设计管理

　　比如服装 CAD 设计系统的运用,可以大为简化设计过程,提高设计的时效,减少设计师的工作量;也可以使设计标准化,比如与品牌的核心产品体系的配合,建立服装企业自己的标准化设计系统,既便于管理设计,也便于其品牌特征的不断延续。

案例分析

扫以下二维码,查看某品牌的成本管理。

课后习题

思考如何对服装设计的成本进行管理。

第四部分

执 行 篇

第十一章 | 服装设计的团队管理

服装设计师的选用形式和管理

服装设计师的选用形式一般有两种,一是依靠企业以外的自由服装设计师或服装设计工作室;二是建立企业内部的服装设计师队伍。下面将分别讨论这几种情形。

自由服装设计师的组织与管理

自由服装设计师是指那些自己独立从事服装设计工作而非受雇于企业的服装设计人员。对于许多中小服装企业来说,建立自己的设计师队伍成本较高,也难以吸引好的服装设计师到小企业来工作,因此,利用自由服装设计师为企业提供设计服务,也就是很自然的事情了,这时的设计管理就是对自由服装设计师的管理,须由专人负责管理。

由于是自由服装设计师,设计管理就更为重要。一方面要保证每位服装设计师设计的产品都与企业的目标相一致,而不能各自为阵,造成混乱;另一方面又要保证设计的连续性,不会由于服装设计师的更换而使企业的服装设计风格脱节。

为实现设计的协调,制定服装设计产品项目任务书是很重要的。项目任务书不仅要提出服装产品风格要求,还要使设计师了解企业的情况,使设计工作与整个企业的视觉识别系统和企业的特征联系起来。为此,企业有必要制定一套统一的服装设计原则,所有服装设计师都要共同遵守,以保证设计的协调一致,服装设计管理部门必须要把握统一性和创造性之间的平衡。如果对服装设计师设置过多限制,势必扼杀他们的创造性;如果对服装设计师放任各自的"个性"发挥,又会带来种种麻烦,使服装设计失去统一风格。如何把握住这种平衡是服装设计管理成功的一个关键。因此,在制定和实施设计标准时,应有一定程度的灵活性,在必要时可以适当变通。

为了保证设计的连续性,最好与经过筛选的一些自由服装设计师建立较长期的稳定关系。这样可以使服装设计师对企业各方面有较深入的了解,积累经验,使设计更适合服装企业的生产技术和服装企业的目标,并保持一贯的设计风格。

丹麦B&O公司在对自由设计师的管理上是成功的。B&O公司的产品设计在国际设计界素负盛名,公司并没有自己的庞大设计部门,B&O公司通过精心的设计管理来使用遍布全球的自由设计师,尽管公司的产品种类繁多,并且出自不同设计师之手,但都能具有B&O的风格,体现公司自己的设计特色,这就是设计管理的成功之处。

服装设计工作室的合作

英国设计业蓬勃发展,除了英国政府对设计的重视,从政策上给予支持外,英国公司也很认同设计的重要性,在组建内部设计团队的同时,还会向外寻求帮助,所以英国设计工作室或设计公司的地位很高。

国内的许多服装企业在面临设计和设计外包问题时均感到困惑,担心设计外包会影响到自己产品的形象。这样的观点是片面的,李宁公司从1990年创立到2011年末,李宁品牌店铺在中国境内总数达到8 255间,其二十来年能迅猛提升,与跟海外品牌、设计机构的合作分不开:

1999年李宁公司与SAP公司合作,引进AFS服装与鞋业解决方案,成为中国第一家实施ERP的体育用品企业;2001年7月,签约意大利及法国顶尖设计师,以提升产品设计开发的专业化及国际化水平;2002年与美国杜邦、3M等国际知名企业建立了稳定的合作关系,并与韩国、法国等一些企业进行多种形式合作;2004年8月与美国Exeter研发公司NedFred-Erick博士合作,共同致力于李宁运动鞋核心技术的研发;2004年10月与DRD设计事务所合作;2005年4月与国际顶尖的水晶饰品制造商施华洛世奇建立合作。

一些国际知名品牌在设计方面的成功经验,对中国的企业也有所借鉴:

美国的盖璞(GAP)、唐娜·凯伦(DKNY)和意大利的贝纳通,这些品牌虽然都拥有自己的服装设计师,但并非所有产品都由自己的设计师设计,通常其产品每年的主题和风格由自己的核心设计师团队来把握,同时在全球范围内选择一些可以合作的服装设计工作室,共同完成本季产品的设计,只有这样才能保证其产品风格和流行元素的多元化,才能使其产品在市场中有极强的适应性。GAP在进入欧洲市场的时候,其产品就委托给一些知名的设计工作室进行设计,其中一组曾委托联合时代合作伙伴——意大利雷拜尔设计集团,该集团每年为其产品承担部分设计,由于这部分产品要在意大利销售,因此就需要在保持GAP原有风格的基础上,加入当地消费者认同的一些流行元素和款式,这些都为该品牌进入意大利市场创造了条件。同样,ZARA每年也会在西班牙、英国、意大利等国家委托不同的设计师共同来完成其产品的设计。与此同时,一些著名的服装公司每年还会在自己制定主题的情况下,把一部分系列设计委托给一些有实力做ODM的企业,这些企业可以针对某一系列、某一概念进行延伸设计,以期把产品开发和设计成本降到最低,从而实现在设计、生产、加工方面对市场做出快速反应。

与服装设计工作室的合作设计管理尤其重要,这个跟自由设计师合作一样,服装设计管理必须要在统一性和创造性之间作出某种平衡。

企业内部服装设计师的组织与管理

企业内部服装设计师是与自由服装设计师相对而言的,设计师受雇于特定的服装企业,主要为该企业进行服装设计工作。目前国内很少有服装企业的设计师是单独工作的,而是由一定数量的服装设计师组成企业内部的设计部门或者产品研发部门,从事服装设计工作。

对于企业内部设计师的要求,团队协作的精神是很重要的。在设计中不可以把自己的个性太多地加注到为企业设计的产品中来,其设计的产品是满足消费者的,必须符合企业服装品牌的风格定位,而不是满足设计师自己,要以企业整体发展战略和市场调研结果为主要设计方向和参考。

当然,做品牌设计不等于完全没有个性的发挥,但品牌风格定位的把握更重要。著名的高田贤三品牌,自高田贤三离开后,并没有放弃高田贤三最初所定位的一些元素,使其品牌精神得以一直延续,并通过更换设计师注入更多、更新的流行元素。而日本设计师三宅一生的品牌也同样如此。一个著名的品牌需要无数的设计师去推动其发展,不断注入新的内涵、新的元素以适应新的时代和消费群体,并得到有效的延伸,只有这样,品牌在市场中才具有真正的存在价值。

公司内部设计师一般对企业的各个方面都较熟悉,因而设计的服装产品能较好地适应企业在工艺技术等方面的要求,但应避免设计师因长期设计某一类型的产品而产生思维定势,缺乏创新使服装设计模式化。因此,国外一些服装企业一方面让自己设计部门的设计师承接别的企业的设计工作,另一方面不定期地邀请企业外的服装设计师参与特定设计项目的开发,以引进新鲜的设计创意。

为了使公司内部设计师们能协调一致地工作,保证产品设计的连续性,需要从服装设计师的组织结构和服装设计师的管理两方面作出适当安排。一方面要保证设计团队与产品开发有关的各个方面进行直接有效的交流,另一方面也要建立起评价服装设计的基本原则或视觉造型方面的规范。

案例分析

扫以下二维码,查看 ZARA 买手与设计结合的开发模式。

服装设计部门组织中的人员结构

　　服装设计部门的组织中设计人员结构通常可以分五个层级(图 11-1),下面分别讲解:

图 11-1
服装设计部门的
人员结构图

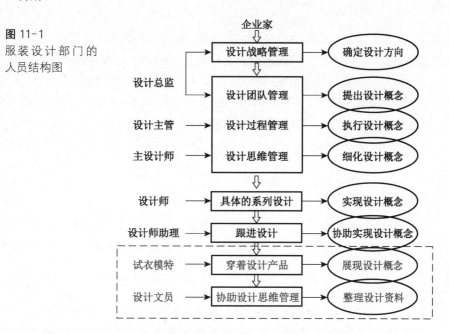

设计总监

　　设计总监一般是本专业的资深人士,具有丰富的市场经验,有较强的战略规划的能力,有很强的组织、沟通、分析能力。设计总监应该是具有较高综合素质的高级设计管理人才,是策略型、交叉型、成长型的人才,善于协调各种关系,具备设计学、系统论、心理学、管理学、营销学等方面的知识,对于时装品牌的拓展和生命力的延续有着举足轻重的作用,其必备素质要求包括:

- 设计管理素质;
- 艺术文化素质;
- 个性素质;
- 商业素质;
- 设计素质。

设计主管

　　设计主管是把服装品牌设计战略和设计策略具体化和丰富化的角色之一。要求具备良好的综合素质和很强的组织管理能力,善于协调各种关系,具有项目的总体策划和设计组织能力,并能确立设计的总目标、总计划。通常具有多年设计经验和丰富社会经验的设计师才能胜任,其必备素质要求包括:

- 规划；
- 执行；
- 沟通；
- 协调；
- 服务；
- 控制。

主设计师

主设计师向设计主管汇报工作，能理解和实现设计主管的策划意图并做具体的设计。具有某一具体的设计项目的控制能力。要求有较高的综合素质、较强的理解力和丰富的设计经验，善于解决设计过程中的难点问题。一些大型的服装公司如果产品类型比较多，如有女装、男装，又有童装；或者有休闲类、正装又有礼服类，那么可以由几个主设计师各自负责不同的产品类型。其必备素质要求包括：

- 执行；
- 沟通；
- 专业；
- 协调；
- 服务；
- 控制。

设计师

设计师向主设计师汇报工作，负责设计项目中的具体的设计工作，如春夏系列中的配饰设计、款式设计等，要有协助主设计师制定设计的整体方案并具体实施的设计能力，以及一定的解决问题的能力。这一层级又可以有不同的分级：初级设计师、设计师、中级设计师到高级设计师等，其必备素质要求包括：

- 拥有整体品牌意识；
- 具有立足于消费者的设计观念；
- 对流行有敏锐的感受力；
- 具有系列设计的能力；
- 具有绘制时装设计图的能力；
- 具有操作多种设计软件的能力；
- 对时装品牌的设计、生产、销售全部流程有充分的了解；
- 具有良好的表达能力与沟通能力。

设计师助理

设计师助理主要是辅助设计总监、设计主管和设计师的工作，是大多数服装设计专业毕业生的第一个职位，其工作任务比较琐碎，如寻找面辅料、款式编号、图案整理等，是了解品牌运作及市场经验积累的过程。下面仅仅在选料方面列举其中部分工作，就可见其琐碎性，学会如何有条理地安排工作，快速积累行业经验最为重要。

- 收集资料，如选中面料的店铺名片、面料小样等；
- 善于记录，如选中面料的价格、幅宽等，以便进行成本核算；
- 随时询问，如面料是否有现货，如无现货，多长时间可以到货等；
- 技术辅助，如面料如无合适的颜色，是否可以染指定颜色等。

服装设计师管理的要素

服装设计管理包括人力资源管理即对设计师团队的管理。如合理分配任务，制定激励政策、竞争机制等，以此提高设计师的工作热情和效率，保证他们在合作的基础上竞争。只有在这样的基础上，设计师的创作灵感才能得到充分的发挥。

宝马公司的前全球设计总监克里斯·班格(Chris Bangle)以自己的切身经验在商业氛围中创造出独特的艺术——管理艺术、商业的艺术与艺术中的商业，从中也许可以对服装设计管理者在团队管理中的素质有更真实的理解，毕竟设计是相通的。

克里斯·班格认为，要让设计师们充分发挥作用，实现艺术与商业的平衡，管理者要掌握三条原则：

第一，保护设计创作小组。宝马为设计部的设计人员提供了装备一流的工作空间、可观的薪水，通过大力的支持和正面的鼓励来激励创作人员迸发出最大的创作潜能，拿出最优秀的艺术作品，同时严格监控设计部的入口，禁止非设计人员随便进入。一旦需要工程师的反馈，设计经理会充当中间人进行沟通。

第二，合理分解设计过程，分阶段保护艺术的创作过程。汽车设计过程分三个阶段：理解阶段、信任阶段和观看阶段。在理解阶段，设计师用实体模型或计算机模拟等手段向其他设计人员和非设计人员解释新车型的设计概念，建立共识，以免后期一旦推翻决定可能会产生更高的成本。在信任阶段，设计工作就完全交由设计师来完成，设计部门的管理人员甚至为模型开发设立一道防线，尽量不给设计师任何压力，如新产品上市日期的压力等，以免干扰设计师的创作工作，让其能在此阶段精心创作。在最后的观看阶段，才有更多人参与进来，注意力主要放在模型的缺点上，修改某些细节上的瑕疵。慕尼黑的严冬很少有阳光，为了从客户的角度来观看车子，克里斯·班格强调在阳光下看车，于是他坚持把车运到法国南部，让建模人员在现场观看。

第三，做一名善于沟通的管理者。汽车设计是典型的需要在艺术和商业间找到平衡点的产品设计，管理者都必须具有超凡的沟通能力。宝马的设计总监非常善于沟通，通常讲解设计思路时擅用图片或计算机模拟演示，避免冗长的文字讲解，而且设计团队里尽量有复合型人才，例如既懂设计又懂得工程技术语言或会计师语言的人，或者加入更多不同专业人才，这样不但能激发更多的思维碰撞，还便于设计沟通。

宝马的设计总监认为其工作其实是在艺术和商业的十字路口做管理，管理其实就是调和，就是要把艺术语言更好地转换为公司产品语言。

通过以上案例，在对服装设计团队管理上可以尝试由以下几个方面入手：

宽松的工作环境是服装设计师产生灵感的基本保障

由于服装设计师具有独立自主的特征，设计部门应更加重视发挥设计师工作的自主性和创新性。公司提供设计师工作必要的资源环境，包括资金、物质上的支持，也包括对人员调用，并利用信息技术来制定他们认为是最好的工作方法，建立自我管理正式及非正式组织。不要过多制定约束性较强的制度，可以通过制定合理的体系让服装设计师可以进行自我考核和自我管理，自主地完成任务。自我管理式团队的形式也符合企业信息化的要求，能使信息快速传递和决策快速执行，提高企业的市场快速反应能力和管理效率，并且也能满足服装设计师工作自主和创新的需求。

弹性工作制是服装设计师充分发挥自身才能的最佳方式

服装设计师从事的是创新型工作，属于脑力活动，固定的工作场所和固定的工作时间对他们不但没有意义，而且从某方面来讲对设计反而有所妨碍，朝九晚五的制度完全可以废除，而用弹性工作时间来取代。服装设计师也更喜欢独自工作的自由和刺激，以及更具张力的工作安排。设计总监应该建立具体的、合理的工作进度和详细日程表来要求设计师，使服装设计师能通过自我管理完成每月的工作量，并根据工作进度完成情况来对设计师进行考核。

实行分散式管理是服装设计师提高工作效率的主要途径

过去的管理一直强调等级制，层级关系非常明显。进入信息时代以后，特别是网络的发展，使知识的传播变得快速和多元化。服装设计师具有较强的获取知识、信息的能力以及处理、应用知识和信息的能力，这些能力提高了他们的主观能动性因而常常不按常规处理日常事情。虽然一般服装设计部门的组织分四个层级：总设计师、主设计师、设计师和助理设计师，那只是工作内容的不同，他们的地位是平等的，不同层级的设计师也需要相互学习和协调。因此需对服装设计师实行特殊的宽松管理，激励其主动创新，而不应使其处于规章制度束缚之下被动地工作，导致设计师创新激情的消失。应该建立一种善于倾听而不是充满说教的团队氛围，使信息能够真正有效地得到多渠道沟通，也使设计师能够积极地参与决策，而非被动地接受指令，这就需要一种新的管理方式如分散化管理，在信息经济时代，分散化管理已经成为一种管理趋势。第三和第四层的设计师和助理设计师虽然经验少，但因为年轻，有很强的创新精神，获得的新信息并不见得比第一、第二层的总设计师和主设计师少，可以多让他们一起参与一些决策。这对设计师梯队的培养和工作效率的提高都有一定的帮助。

个体发展的空间是服装部门培养人才必须具备的基本条件

在知识经济时代，特别是在服装行业，企业的竞争更多的是人才的竞争，如何吸引和留住人才是人力资源管理的一项重要任务。要留住人才，设计部门要建立一个健全的人才培养机制，如举办各类培训等，在一定程度上满足服装设计师的知识增长需求。提供一个能让设计师成长的空间,使设计师能与企业建立长期合作、荣辱与共的伙伴关系。因此,在服装设计师更加注重个人成长的需求前提下,设计部门应该注重对设计师的人力资本投入,健全人才培养机制,为设计师提供受教育和不断提高自身技能的学习机会,从而不断地提升其专业素养和能力。

　　另一方面,服装设计师对知识、个体和事业的成长不懈地追求,某种程度上超过了他对组织目标实现的追求,当设计师感到自己仅仅是企业的一个"高级打工仔"时,就很难对企业绝对忠诚。因此,企业不仅仅要为设计师提供一份与其贡献相称的报酬,使其分享到自己所创造的财富,而且要充分了解设计师的个人需求和职业发展意愿,为其提供适合其要求的上升道路,给设计师创造个体的发展空间,给设计师更大的权利和责任,只有当设计师能够清楚地看到自己在组织中的发展前途时,他才有更大动力为企业尽心尽力地贡献自己的力量,与组织结成长期合作、荣辱与共的伙伴关系。所以,企业必须根据自己的职位资源,为服装设计师提供足够大的成就实现机会空间。

良好的软环境是提升服装设计师归属感的有效途径

　　良好的软环境即注重人情味和感情投入,给予服装设计师家庭式情感的人文环境。索尼公司董事长盛田昭夫认为,"一个日本公司最主要的使命,是培养它同雇员之间的关系,在公司创造一种家庭式情感,即经理人员和所有雇员同甘苦、共命运的情感"。《财富》杂志评出的最受欢迎的 100 家最佳公司中的几十家慷慨地为员工提供"软福利"——即那种能够进一步协调工作与生活之间关系的各种便利,诸如在公司内部提供理发和修鞋等多项生活服务,以及免费早餐等看起来不起眼的福利,这为员工提供了极大的方便。这类福利使公司富有人情味,接受调查的员工都说他们非常珍视这一点。目前,许多企业都定期举办各种宴会、联欢会、生日庆祝会、舞会等,通过这些活动,不但可以加强人与人之间的联系,管理者还可以倾听职工对企业的各种意见和建议。总之,服装设计师要求获得尊重的需求非常强烈,设计管理者应经常深入下属,平等对话,并经常组织集体活动,加强人际沟通,把设计部门建成一个充溢亲情的大家庭,使得设计师有明显的归属感,而不是成为组织的边缘人。

参与式管理是服装设计师自我实现的新型方式

　　与一般人才不同,服装设计师自主性较强,往往不习惯于受指挥、操纵和控制,在设计团队管理中要考虑到这一特点,给予服装设计师一定的权力,参与设计部门各级管理工作的研究和讨论。处于平等的地位商讨管理中的重大问题,可使设计师感到上级主管的信任,从而体会到自己与组织发展密切相关并因此产生强烈的责任感。同时,主管人员与下属商讨组织问题,为双方提供了一个取得彼此重视的机会,从而给人以成就感。根据日本公司和美国公司的统计,实施参与式管理可以大大提高企业经济效益,一般可以提高 50% 以上,有的甚至可以提高一倍至几倍。

正确的激励是服装设计师能力发挥的动力来源

　　激励活动是由谁激励、激励谁和怎样激励这三个主要要素构成。正确的激励是设计团队管理的关键之所在。正如美国哈佛大学的管理学教授詹姆斯所说：如果没有激励，一个人的能力发挥不过20%～30%，如果施以激励，一个人的能力则可以发挥到80%～90%。激励是一种特殊的社会活动，它自身是有章可循的。具有普遍意义的激励活动规律主要表现在以下几个方面：

第一，激励必须考虑人的需求（依据马斯洛的需要层次理论）。

第二，激励必须制度化、规则化，且具有相对稳定性。

第三，激励具有全员性，即必须针对全体员工，这样才能起示范作用。

第四，激励应当公开、公平、公正。

美国的知识管理专家玛汉·坦姆仆（Mahen Tampoe）经过大量实证研究证明：激励知识型员工的四个因素依次为个体成长、工作自主、业务成就和金钱财富。服装设计师由于其专业的特殊性，更多的是考虑其发展潜能和成就感，并获得与其贡献相匹配的合理公正的报酬。所以，设计部门在进行激励选择和设定时应针对性地满足服装设计师的需要，从而激发其工作的积极性。当然，还应该注意对工作进行设计，因为对于服装设计师而言，有意义的工作本身就是一种享受、一种激励。

总之，服装设计师属于知识型人才中的一种，特别是因为其职业性质的关系，除了通常的工作需要外，还有对情感的需要。

案例分析

扫以下二维码，查看丹麦B＆O公司对设计师队伍的管理。

服装设计师绩效管理

绩效管理是服装设计管理者和设计师就目标及如何实现而形成共识，并辅导和提升设计师绩效的过程。绩效管理不仅仅是评价方法，更是对工作进行组织，以达到最好结果的过程、思想和方法的总和。所以，作为一个有效的服装设计管理者，必须完成三项职责：

· 指导服装设计师建立明确的工作目标；

· 监督设计团队的设计绩效并指出和帮助服装设计师解决问题；

- 在设计项目进展的基础上向其上级汇报有关工作情况，为设计师工作扫除障碍。

完整的绩效管理过程包括：绩效目标、绩效辅导、绩效评价和绩效反馈等。对设计项目工作结果的关注，是绩效评价；对设计项目工作过程的关注，是绩效辅导。服装设计管理的绩效管理不是简单的设计任务管理，它特别强调设计项目运作中的沟通、辅导及服装设计师能力的提高。作为绩效管理来说不仅要强调结果导向，而且更要重视达成目标的过程。

服装设计师的绩效管理原则

结果导向原则

结果是衡量一个设计项目完成好坏的最重要的指标，这个"结果"就是个人绩效承诺的达成情况。现在的绩效管理发展趋势是从单维（结果）导向到双维（结果＋行为）导向。绩效管理不仅仅关注结果和任务的完成，也更加关注设计师的设计过程和工作态度。

阶段性评价原则

将设计项目的绩效目标按设计过程的不同阶段进行绩效目标分解，在每个阶段考核其阶段性目标完成情况，阶段性评价使绩效目标更具体和具备易操作性，同时也避免最终成品的不可逆转。

评价的客观性原则

绩效目标要注意定量与定性相结合，以"测"为主，以"评"为辅，强调设计过程而不仅仅是设计结果，使整个设计项目的评估尽可能客观公正。

全方位考核原则

考核信息要避免单一渠道，尽可能进行全方位的信息收集，要充分考虑到相关人员的评价，除直接主管外，相关主管、设计师互评、设计师自评及其他周边相关调查意见都要参考，以达到考核结果公正。

团队绩效关联原则

设计团队中设计主管、设计师包括设计助理都是不可分割的利益共同体，团队的整体绩效影响着团队成员的绩效。

作为服装设计项目绩效管理核心部分的目标体系，必须是能够从动态性、前瞻性、逻辑性的角度出发，将服装设计师、服装设计项目的目标、服装设计项目的操作流程和谐地统筹起来，使服装设计师的执行行为与服装设计部门发展的目标、公司理念等联系起来，形成协同效应。

服装设计师的绩效管理目标

- 服装设计主管、服装设计师与设计师助理各有其所对应的不同的职位责任；
- 服装设计部门总目标、业务流程最终目标，是各职位对总目标和流程终点的贡献；
- 服装设计项目的终极目标，是对项目总目标的贡献；
- 个人绩效目标是对上级的绩效贡献，对设计部门的绩效贡献。

绩效承诺应该是具体的、明确的、可实现的、可测量的，是团队测评指标自上而下地逐级分配到每一位团队成员，由设计主管与设计师签订承诺，通常称为个人绩效考核,即个人事业承诺,以实现组织绩效和个人绩效的有机关联。每项承诺目标应该有数据指标或具体描述,并制定时间、范围、成本和质量等作为评价的参数,不同职位的评价参数要在设计部门内通告(表11-1)。

表 11-1　个人绩效考核

个人绩效要素	描述	承诺目标
结果目标承诺 (Winning)	做什么? 做到什么程度?	(例)完成三个造型系列项目,项目顺利通过市场评估进入制板阶段。
执行措施承诺 (Execution)	如何做?	(例)5月21日前完成样板的制作并交付相关部门进行款式评测,并同步更新详细的项目文档。
团队合作承诺 (Teamwork)	配合谁? 需要谁的支持?	(例)加强与市场部、物料部、生产部等部门的沟通,保证设计输入的正确与可实现,避免项目反复。

实施个人绩效考核需要注意:强调管理而不是考核;强调设计主管与设计师共同参与而不是单向命令;强调双向沟通而不是一言堂。

绩效目标需制定整个设计项目的目标及分阶段目标,即设计项目最终需要达到一定的造型质量并能顺利结案,各阶段需要有阶段性的成果体现。

服装设计项目一般来讲分为设计构思、草图阶段、生产制图制单阶段和制板阶段等,运作时需要对所界定的各阶段依照 PBC 进行分解制定阶段性目标。

当今绩效管理的一个发展趋势是从纯目标导向到全过程辅导导向。绩效辅导是指在部门的日常工作中对设计师绩效的监督与沟通,帮助设计团队成员了解自己工作进展情况,明确自己哪些工作需要改进,需要再学习哪些知识和掌握哪些技能,以达到改善服装设计师自身知识结构、技能和态度的目的。绩效辅导是非正式的、连续的、双向的。管理者在绩效管理中强调从开始阶段、实施阶段到反馈阶段全过程进行辅导而不是仅仅将目标分解,安排任务。绩效辅导不只是从上而下的单项辅导,而是在项目设计过程中让设计团队即服装设计主管、主设计师、设计师、设计师助理之间相互学习的过程,这才是绩效管理的真谛。

服装设计师的绩效考核管理

服装设计师绩效考核是立足于其实际工作的考核,不仅仅是工作时间的考量,而更多是强调服装设计师的工作表现与工作要求是否一致,是对其设计工作进行评价。服装设计的绩效考核管理应该按工作计划表分阶段自然地融入服装设计部门日常管理工作中,才有其存在价值。

服装设计管理者与设计师双向沟通的制度化、规范化,是考核融入日常管理的基础。服装设计管理者不仅仅是完成管理任务,更多的责任是帮助设计师提升能力。考核不能只是简单的"评",在评的同时要体现激励作用,通过绩效评价可以推动服装设计部门人员的能力提升,并让设计过程更加优化。绩效考核要能做到有效、及时、定期。

绩效考核原则由责任结果导向原则、目标承诺原则、相关评价原则、客观性原则几个部分组成。绩效考评的指导方针如下:

分层考核。指同层级的人在一起考评。通常对于服装设计师主要考核其"任务绩效",而对于服装设计主管则需要有更多的在管理上体现出来的"周边绩效"部分。

分阶段考评。服装设计项目的不同阶段要有不同的绩效考评目标,并且需根据不同阶段的特点制定各阶段的考评内容。

综合评价。建立综合评价体系,在评价中多方听取意见,使评价做到全面客观。要有反馈及投诉的渠道,以便纠错。

团队考核重点在于团队目标定额设定,即定出团队的 PBC。目标考核的核心问题在于目标的评定方法,通常有硬指标和软指标,结果性的指标可以看作量化硬指标,过程性的指标可以看作非量化软指标。

团队绩效考核与每位团队成员都有关系,包括设计主管。设计主管的绩效目标就是团队绩效目标。服装设计项目运作考核需包括以下阶段内容:

设计策划。包括设计调研、小组讨论、竞争产品分析与设计策略制定等。服装设计主管须将项目组内各设计师对方案的贡献度做出说明。

主题设计。该阶段的关键点在于创意主题的产生及方案的选择。服装设计主管须评估主题方案各阶段获得的个人贡献度,特别需要对主题创意的来源以及贡献人做出说明。

草图阶段。该阶段的关键点在于创意的产生及设计草图的量化和质量的目标。评估包括各设计师的设计方案采用的数量及其设计与品牌风格的贴切度有多少。

制板阶段。主要考核制板阶段的服装设计师工作情况,如选料、工艺配合、样板入选的情况等。

服装设计师的绩效反馈管理

一般而言,绩效反馈沟通包括三个步骤:面谈准备、实施面谈和面谈效果评价。绩效沟通不能仅仅看作是反馈评价结果,绩效沟通是服装设计主管和设计师共同探讨,提高设计师绩效的又一个机会。绩效沟通既是对前期工作的回顾,也是对未来工作改进点的探讨和目标制订,服装设计主管与设计师正式的绩效沟通至少每季度一次。

服装设计师由于其专业特点和工作特性,往往个性较强,思维活跃,特立独行,不愿主动找主管沟通,在有效沟通上可能会存在一些障碍。针对从事开发的服装设计师,选择正确的沟通方式无疑是非常重要的。好的沟通技巧易使设计师敞开心扉,发现很多工作中存在的不足和改进的良好建议,对部门工作的提升具有很好的参考价值,如图 11-2 绩效管理总流程图。

图 11-2
绩效管理总流程图

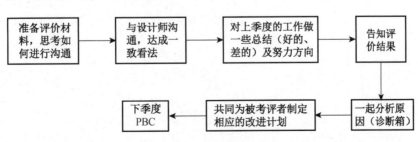

案例分析

扫以下二维码，查看某品牌设计部的构建模式。

课后习题

为自创服装品牌构建服装设计部，并对构建模式进行分析。

第十二章 | 服装设计的沟通管理

沟通的一般性原则

无论何种类型的沟通都存在干扰因素,也许是信息传达给错的接收对象,或者是传达的信息被噪声干扰,抑或是在信息的编辑和理解上出现偏差。在现实中,设计管理人员工作的 90%是沟通工作,沟通管理就是通过规划和认真地追踪项目组成员的交流,以减少干扰因素带来的问题。和其他领域相同,一切从合理的规划开始。

整个过程是:识别干系人—沟通规划—信息传达—效绩汇报—干系人期望管理。

找出干系人

一个项目启动时,最先要完成的事就是找出干系人(干系人,名词。指对某事物关注或好奇的个体或组织),并且要实行措施来保证他们清楚当前的状况。辨别干系人的过程就是将干系人名称填入干系人登记表中,并在这个文档中标记出干系人的目的、期望和顾虑。大部分设计管理的成功与否就源于管理人员是否知悉并管理干系人的期望。事先了解好这些,将帮助你规划出合适的计划,有助于原先对你的项目有异议的人了解你工作的意义与价值。

不仅要清楚干系人是谁,你还需要去了解如何激励他们,以及对他们而言促使项目成功的因素是什么,这就需要启用干系人管理策略。要把握与干系人沟通的最好方式,一种方法就是建立一个权力/兴趣表格。在此表格中标记出干系人,可以清楚地看到谁拥有多大的权力去影响你的项目,以及干系人对此项目拥有多大的兴趣。既需要满足权力高的人的需求,也要及时将情况告知给兴趣高的人。如果干系人同时兼具高权力和高兴趣,就一定要对此人的期望进行细心周到的管理!

• 兼具高权力和高兴趣的人是决策者,他们的影响力最大,关系着项目的成功与否,所以要细心谨慎地管理其期望;

• 拥有高权力但兴趣低的干系人,要让他们及时了解最新状况,即使他们对此项目的兴趣不高,也要保证在项目中让他们得到满足;

- 拥有高兴趣但低权力的干系人，要让他们及时了解项目的进程，保证他们能同步收到通知，这会让该项目得到好口碑；
- 不用去担心低权力和低兴趣的人，他们不需要过多关注。

明确干系人后，找到适合的沟通方式和媒介是很关键的：
- 推——如何向干系人定期发送信息；
- 拉——在哪儿公布信息，以便干系人能及时获取；
- 交互式——多久与干系人面对面谈论一次，让他们的问题得到解答。

告诉每一个人发生了什么

一旦明确了沟通计划，接下来就要确保他们每人都能及时得到他们需要的信息，以促使项目成功完成。在传达信息过程中确保干系人能准确获得对应信息。
- 正式的书面沟通；
- 非正式的书面沟通；
- 正式的口头沟通；
- 非正式的口头沟通。

使用不同的沟通方式时要谨慎，面对客户或是赞助者时，要使用正式的沟通来传达信息。无论会议讨论内容有多重要，会议都属于非正式的口头沟通。项目中的所有文档都属于正式的书面沟通，例如项目的需求规范、管理计划以及合同。

收到信息了吗

沟通不仅是你书写的内容和谈话的内容。沟通时你的面部表情、手部动作和说话音调，以及当时所处的情景环境都很大程度地影响着干系人对你的理解。把这些因素考虑好才是有效的沟通。大部分的沟通都发生在项目信息的传达过程中，所以你要掌握有效的沟通，有效的沟通包括：

非语言的沟通。是指传达信息时你的面部表情、手部动作和体态外貌，这些行为举止的影响力比语言更大。

辅助的语言沟通。是指你在与人沟通时的语音语调。如果你的音调听起来是沮丧或焦虑的，会对人们接受你的信息造成影响。辅助的语言沟通确实是沟通的一个重要组成部分。在沟通中对方可以从你的语音语调判断出你对某件事情的态度，是讥讽还是激动或是其他，这就是辅助的语言沟通的作用。

反馈。在沟通过程中要对人们的讲话做出回应，即时给对方大量的反馈以确保他们知道你在聆听。可以通过总结他们说话的重点，表示对他们讲话的认同。或者是对人们的讲话提出问题，以便双方梳理观点和理清思路，让对方知道你对其讲话的重视。对人们的讲话给予大量的反馈，就是积极聆听。

这个沟通管理的过程就是将项目团队的信息准确地传达给沟通对象的过程。当你对项目有更多的了解时，需要记录下在此项目中所做的决策和所学到的东西，作为经验教训和收获的总结。你需要运用信息传达工具向团队分发工作消息，可以建立一个专门的信箱，收取团队成员的工作状态信息。如果是纸质版信息，就需要完成纸质文件的传达分发。还可以运用在线的电子沟通，例如使用邮件，或者使用专业的工作应用软件来收取项目有关信息，再把这些信息整理收集到统一的数据库中,便于以后总结报告中使用。或者使用电子工具来完成项目管理,例如运用时间系统来管理一个项目进程所需时间,或者运用经费预算系统来管理项目花销。这些都属于信息收集系统,它们所产生和收集的信息都将在项目决策中发挥作用。

关键技巧

可视化沟通

"思想并不一定要以言语来表达。定义概念也是这样,尤其是当考虑到用以描述的语言的局限性。思想可以用图像和感觉来表达,这些感觉已经相当明确,但组织成语言等又嫌缥缈。现实中,人们常常是以一种实用的、而又凌乱的方式来创建项目和解决问题。"——爱德华·德·博诺(Eduard de Bono,法国心理学家)

设计团队在与客户沟通中要懂得运用可视化手段来表达设计创意,这是沟通的关键技巧,也是项目成功的关键。视听的演示手段有很多形式,例如创意初期的设计草图、最终成型的图案、电脑模拟的产品或概念的表现。

运用可视化手段是设计师用来解决问题、探讨争议、并熟悉某一特定类型的内容及其关联性的一种思维方式,它同样是搜罗信息、尝试和检验各种解决方法的重要形式。设计师及其客户可通过一系列的尝试过程提取有效信息。任何人的抽象思维和交流都可以在可视化手段中获得帮助,例如品牌风格图、灵感概念板、设计草图、图案花稿草图、服装效果图或3D试衣效果等可视化沟通方式。

绘图能力也在设计过程中起决定性作用,绘图可以帮助设计师捕捉和表达他们的设计想法,去创造出最终的完整图稿,可用于团队的会议或与客户沟通时进行设计表达。绘图也是搜罗、阐述和检验创意的方式,可以通过绘图进行交流,捕捉那些转瞬即逝的灵感和想法,记录和表达设计信息。

思维导图

思维导图(Mind Maps)是一种能让设计师快速产生灵感的方法,由东尼·博赞(Tony·Buzan)发明,属于非直线型的抽象语言,比如用色彩和图像进行表达,能让设计创意在团队内部自由流通。

使用思维导图时,先准备好不同色彩的笔和一张大的白纸,在纸上从一个关键句或图形开始向外扩张,把图像或关键词填到连接线上。某些富有创新性的组合和实例也可以填进去,相互之间用线条连接,不同类型或不同主题的组合可以用不同的颜色区分。通过划分或集合这些组合和主题,就能对其之间的差异性和相关性进行评估和定义了。

思维导图是个绝好的产生可能性财富的工具,通过进行头脑风暴和设计总结,能分析和提取在设计初期未曾发掘出的关联性和隐藏的机遇。

全脑思维法

人类左右脑的思维方式迥然相异,右脑负责全面分析问题,左脑则是分解性的。

右脑起主导性控制作用,它能把语言和思维分开。左脑则是随心的、充满创造性的、缺乏组织性的,它能把语言和思维结合在一起。就像天生对左右手的使用有偏好一样,人们通常对左右脑的使用也有天生的偏好。无论是右脑还是左脑,都在日常生活中发挥着重要的作用。管理层通常偏好使用右脑,所以会给人留下一个刻板的印象,而设计师通常左脑运用灵活,通常贴着左脑标签。

一个专业的设计经理懂得分别站在设计师及管理层的双重角度看待问题。在进入不同的思维模式、促使全脑思考的过程中,可以提高自身的决策能力。经常练习全脑思维法,能锻炼你的左脑右脑,有助于解决所遇到的问题。

设计演示

面对一大群人尤其是许多陌生人进行设计演示工作容易让人紧张。通过充分地准备和多次的模拟设计演示可以克服紧张感,促使正式的设计演示顺利完成。

首先,要了解你的观众。需要使用何种语言、词汇面对他们以及对其使用何等礼节,对不同的观众要求有所不同。明确他们的期望,换位思考问题去衡量观众的期望值,思考观众的需求,把他们真正需要的信息作为演示重点。

其次,搜集所需的演示材料。在演示中运用一些可视化材料,帮助你和观众集中注意力。一旦观众的注意力被你吸引,接下去的演示就会更加顺利。按照计划节奏进行设计演示,并在每个部分展示后向大家解释你的想法。在此过程中,尽量使用提示卡而不是对着材料朗读,多与观众进行自然的眼神交流和声音传达。

倘若是一个团队来做设计演示,就需要派出一位代表,先向观众简要说明接下来的演示内容,介绍每位演示成员的姓名及其负责演示的部分。

在演示过程中要注意演示工作的顺序,要具有系统性。用合适的顺序来展示你的演示工具(无论是使用平面展示板还是数字化形式),在演示的最后,对演示内容做一个总结会使你的演示锦上添花。

阐明设计的自然属性

一个没有设计经历或未学习过设计的人,或许无法明白具备完善的设计思维会给一个企业带来何等的价值。向客户演示是一个很好的展示价值的机会,不仅能多角度地诠释设计提案,也能给设计过程本身带来全新的感悟。在进行设计项目演示时,需要一个基本理念,去诠释团队得到设计纲领的方法、所遵守的设计原理和设计提案最终形成的过程。

做好准备工作是阐明设计的关键,首先你要详细回顾设计要点以确保每位客户的需求都考虑到了,设计演示的形式必须充分展示你对设计要点的理解。也可以在演示过程中直接引用要点里的内容,这样能显示你对客户需求的看重和关注。

其次,简要介绍设计要点的产生,你所追求的设计理念,进行设计的方式以及设计提案要与客户品牌和任务相融合。用一种能激发观众热情和带动起情绪的方式演示设计过程,然后再深入提案的特定内容进行细节的讨论,比如设计布局、材料运用和设计格式等。

在设计演示最后,对此设计提案能满足客户所设立的设计目标进行总结陈述,还可以涉及一下你的设计将为客户带来怎样的价值。一定要充分考虑对方的期望值,并采用他们可以理解的语言。

设计团队与客户的沟通

服务于维维贝拉(Viva Bella)品牌(家居行业最大的产品设计整合商)的马克·罗扎(Marc Roza)认为"设计的过程,就是挖掘客户内心需求,细化、具体化他们想要的感觉并将其实现的过程。"

与客户沟通是设计管理中极为重要的部分,本书第三部分第七章里运用的买手型品牌名创优品的案例就提及了消费者体验官。其实这个职位的设置就是为了与消费者(客户)进行沟通,理解消费者的需求,掌握消费者对产品体验后的评价,以提供更有针对性的产品和服务。

设计团队内部的沟通

企业家与设计团队的沟通

企业家与设计团队的领导者——设计总监的关系是服装品牌中最重要的伙伴关系。他们直接沟通,商讨品牌的市场定位、风格定位、产品定位等关系到品牌生存与发展的重大问题。在这里,企业家主要考虑市场定位、资金投入等方面的问题,而设计总监则负责艺术与产品方面的把控,应该说这种沟通仿佛是理性与感性的沟通,左脑与右脑的沟通,好的沟通方式是平等的、开放的、彼此尊重的、求同存异的。

设计总监与设计团队其他成员的沟通

设计总监与设计经理、设计师、设计助理、板师、缝纫师傅等各个成员都会有沟通。一个优秀的设计总监,他就是这个"交响乐团"的指挥,是设计团队中的灵魂人物。他身上必须有一种奇特的魅力,使每个人都被吸引、被指引,齐心协力地共同创作出符合品牌定位的、满足消费者需求的新产品。他与大家的沟通方式可以是语言,也可以是概念板、设计手稿等可视化工具。据说迪奥的前任总监拉夫·西蒙从来不画设计稿,他与团队的沟通方式是贴满各种灵感图片的概念板,他将这些灵感概念板集合成不同的任务包,由设计师认领,然后由设计师画出第一稿,他再对设计稿进行选择、修改和确认,并与板师和缝纫师傅进行语言沟通,对样衣进行修改指导。

设计经理与设计团队其他成员的沟通

设计经理与设计总监的分工不同,他更多地考虑任务分配与进度管理方面的问题,有承上启下的作用。可以说设计总监是艺术化的,而设计经理则是理性的、务实的,要督促整个团队将设计总监的想法执行出来。所以设计经理在充分理解设计总监意图的同时,必须对设计师进行观察和了解,将合适的任务交到合适的人手中。

设计师与设计团队其他成员的沟通

设计师首先要与设计经理有良好的沟通,使对方了解自己的设计风格,以便对方分配适合自己的设计任务。其次,设计师要与设计助理达成默契,让设计助理辅助自己完成手头的设计任务,包括寻找合适的面辅料、绘制款式图和花稿、完成部分手工(如钉珠、手绣)等工作。所以设计师与设计助理的沟通频率也非常高,需要随时随地地保持沟通顺畅。此外,设计师还要与板师与缝纫师傅进行良好的沟通,以确保自己的设计稿能制作成合格的、满意的产品。

设计部与其他部门的沟通

设计部与营销部的沟通

设计部与营销部相互配合,很难说哪个部门更具有支配地位。营销部搜集而来的消费者信息是非常宝贵的,可供设计部参考。设计部需要听取营销部对现有产品的销售总结,共同商讨对未来市场走向的分析预测,并参与对本品牌的营销策略的制定。通过有效的沟通,设计部可以了解到哪些产品是畅销的,哪些产品是滞销的;并根据营销部的市场预测和未来的营销方案做出新的产品开发计划。

设计部与形象部的沟通

设计部与形象部的沟通则属于共同创作。形象部在拍摄品牌宣传广告时,往往需要与设计部共同商讨、制订方案,如拍摄哪些代表性的产品,选择什么样的模特,选择什么样的拍摄风格。一些著名品牌的设计总监往往会亲自操刀,把控品牌广告的整体效果,比如香奈儿的前设计总监卡尔·拉格菲尔德(Karl Lagerfeld)。

设计部与生产部的沟通

设计部与生产部关系极为密切,为了避免纠纷,正式的书面沟通是最重要、最有效的。设计部(或者板房)将最终确定的产品进行描述、绘图、确定号型尺寸、贴面辅料小样、标注细节与特殊工艺,制作出完整的产品工艺单。这个工艺单和修改好的样衣将一起被交到生产部,成为大批量生产的标准。假如生产是外包的话,这份沟通资料就更加重要,它既是有效沟通的工具,也是最后解决纠纷的评判依据。

设计部与面料部的沟通

设计部与面料部的沟通早在产品开发的前期就开始了,因为面料订制和采购都需要一定的周期,所以设计部做新品策划时最先要确定的就是面料方案。面料部根据设计部的要求进行面料开发或采购。沟通一般先以两个部门的会议方式开始,最后以"图稿、照片、实物小样、文字说明"的方式进行正式的信息传递。

设计部与仓库的沟通

仓库看似与设计部关系不大,其实不然,它是服装企业的一个重要部门,如果库存太多,滞压的资金很可能会压垮整个企业。设计部与仓库的良好沟通可以减少库存。设计部可以对积压的产品和面料进行再设计,改良后的库存产品有可能在新的季节里重焕生机,重新受到消费者的喜爱,库存的面料搭配新的流行元素也可能起死回生。"消库存"是设计部义不容辞的责任,而仓库对库存品的盘点报告将为设计部提供较为准确的任务目标。

总而言之,设计部与其他各个部门有着千丝万缕的关联,各部门之间的良好协作是企业发展的必要因素。

课后习题

思考在服装公司如何进行有效地沟通。

第十三章 | 服装设计项目的品质管理

　　服装设计项目品质管理的目标是使提出的服装设计项目方案能达到预期并在生产阶段达到设计所需的质量要求。在服装设计项目阶段的品质管理需要依靠明确的设计程序并在设计过程的每一阶段进行及时评价。各阶段的检查与评价不仅起到监督与控制的作用,其间的讨论还能发挥集思广益的作用,有利于服装设计项目品质的保证与提高。

　　服装设计项目必须有明确的目标。设计目标是服装企业的设计部门根据设计战略的要求组织各项设计活动预期要取得的成果。服装企业的设计部门应根据企业的近期经营目标制定近期的设计目标。除战略性的目标要求外,还包括具体的开发项目和设计的数量、质量目标、营利目标等。作为某项具体的设计活动或设计个案,也应制定相应的具体目标,明确设计定位、竞争目标、目标市场等。服装设计项目管理的目的是,要使设计能吻合企业目标、吻合市场预测、以及确认服装产品能在正确的时间与场合设计完成。

　　服装设计样品转入生产之后的管理对确保服装设计品质的实现也至关重要。在生产过程中服装设计部门应当与生产部门密切合作,通过一定的方法对生产过程及最终服装产品实施监控。

服装设计项目品质的概念

　　为了更明确服装设计项目品质,先来探讨何谓品质? 常言品质优劣,究竟其基准为何? 从设计上看就是服装产品与顾客的需求是否一致。

产品的价值与需求条件

　　一般而言,顾客的需求为潜在性的,将其加以显现化即为服装产品策划及设计的阶段。有关服装产品策划,在前面已详细说明,在此仅探讨与品质有关的问题。

　　首先,考虑设计品质时应先把握顾客的需求,但并非意味只进行市场调查即可做到,而是应由服装设计部门积极提案,使顾客的潜在需求显现化。划时代的创新产品,多半由洞察顾客的潜在需求而产生。

　　顾客购买服装产品的动机,乃因顾客承认产品具有其价值,因此服装产品必须具有顾客所需的价值。另一方面,以服装企业的立场来看,制作产品如果不能产生附加值,即无法形成良性循环的生产过程。因此必须使其价值>价格>成本的关系成立。

这表示如果要管理设计品质,必须先清楚设计品质与成本、价格及价值之间的关系。

需求条件与价值的关系

所谓价值,即顾客潜在性需求,往往顾客看见产品才会自觉而显现需求,此需求条件由以下两个方面构成:

- 积极性价值——顾客明确认同其价值;
- 消极性价值——购买后也不会使顾客感觉损失。

积极性价值

积极性价值方面可以再予分类说明如下:

理性的诉求。耐寒性、耐磨性、舒适性、尺寸、重量等客观的表现,是可以数据化体现的价值。

共通性感觉的诉求。美观、便利、易搭配等。关于服装设计所努力提升的价值,通常是设计的产品款式、色彩等主观性的表现,是难以数据化体现的价值,但可以从面料、版型、款式、工艺风格等方面作为设计品质的体现。

个性化感觉的诉求。只属于个人、个性满足的感觉,个性的价值观,或有突破常识的意识性等。个性化新产品所具有的价值观,是为强化显现其潜在意识,并非一般人所有的共同需求条件,而是更个性化的。近年来,随着“90后”“00后”消费群体的成熟,个性彰显越来越被重视,感性的诉求也愈发重要。

消极性的价值

简单地说就是顾客购买了服装产品后只对其某方面的价值是认同的,同时还有对产品不满意的地方,如功能性、个性满足、审美需求等。

因顾客具有广泛、复杂且多样性的价值观,所以在着手进行品牌策划、款式设计前强化消费者需求调研极为重要,只有让每个设计师明确顾客的价值观才能让产品的设计品质从消极性价值向积极性价值慢慢转换。

品质基准与实现品质

有关顾客的需求,多半是隐性的,而要谈论设计品质就需要先明确界定顾客的需求。明确需求条件后,即定为服装产品设计的品质基准,之后经服装设计师之手而使其概念性的东西显现成服装产品设计图。所以服装设计活动即将潜在需求具体显现成能制作的服装设计图稿的活动,再将设计图依工艺要求和结构要求制作成服装成品的过程,即品质的实现过程。

如何弥补差距

设计的品质管理就是为弥补需求条件、品质基准、实现品质之间的差距。

服装设计由产品策划向设计图传递时,便开始出现明确的需求条件。需求条件产生品质基准,而演变为下一程序的需求条件,然后又产生品质基准。如此这般经过一系列经济循环活动,最终实现品质的服装成品交至顾客后,顾客的需求品质与实现品质如有差距,会反馈其问题,再将问题返回到产品的出发点——服装设计部门。

由此可见,设计品质管理很重要的两点是:

其一,产品策划时确立的需求条件是否真实反映顾客的需求;

其二,如何通过管理在设计开发过程中弥补需求条件、品质基准、实现品质之间的差距。

反馈企业产品设计的纠纷、申诉或诉求,其原因是因品质上的差距于事后慢慢呈现出来。因此纠纷或申诉是:

第一,顾客的需求条件与预测情况有大幅度差异时。

第二,未充分把握顾客的需求条件时。

第三,差距未予矫正即成为服装产品交付顾客时。

第一、第二是产品策划的问题,可以给以后新产品开发者予以启示,需加强消费者研究。第三是内部设计管理水准的问题。因此对反馈给服装设计部门的申诉或纠纷的分析极为重要。

服装设计项目品质控制

从以上有关设计与品质的重要事项可以得出,要控制好设计品质,其一是需要更深入研究消费者需求,提高策划管理的水准;其二为应该提高设计技术水准,减少技术上的失误。这两项必须同时提高,其实两者贯穿在产品设计的全过程中,若未重视即无法提高设计品质。

那么如何做到服装设计品质管理?首先,必须全程控制设计过程。

服装设计品质控制可视为一种反馈控制系统。在一个反馈控制系统中,将设计输出结果与标准值相比较,再反馈(输入)与标准值的偏差,随后进行调整,使输出值保持在一个可接受的范围中。室内恒温是反馈控制的一个很好的例子:房间温度随时受到监控,当温度高于预设值时,制冷开始启动并持续到恢复规定的温度;当温度低于预设值时,制热开始启动并持续到恢复规定的温度。图13-1便显示了运用于服装设计过程控制的基本控制循环。需求条件、品质基准、实现品质等概念为设定目标和确定系统表现的测量方法建立了基础。为了实现品质与需求条件一致,需要测量与监控输出。一旦与需求条件不一致时则需要进行研究,以便分析出原因并确定要采取的纠偏行动。

但是,为服装设计控制系统提供一个有效的控制循环是很困难的,目前还没有一个用于测定服装设计品质的定性的测量方法。当然,此问题也不是不可解决的,后面会介绍初步研究出的两个测量设计品质的方法。

对于服装设计品质的控制过程中容易遇见的问题,可以从下列几个方面着手预防:

图 13-1
设计品质过程控制

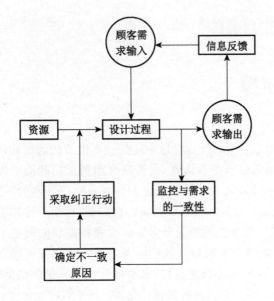

重视顾客生活形态的研究,把握其潜在的需求

考虑品质时应把握顾客的需求条件,除了市场调查之外,必须用更多的方法去洞察顾客的潜在需求。而顾客潜在需求往往在顾客看见产品时才会产生,对此西方服装企业特别重视生活形态的研究,以此来把握顾客的潜在需求。

事前检查服装设计内容、明确技术上的问题

处于设计过程上游的服装设计品质的完成度低,会发生款式图的反复修正等问题,进而增加设计的工作量;同时使设计过程下游的打板、制作受很大影响,结果导致设计费用增加,也易使品质降低。以设计管理观点看提高服装设计品质措施,事前检查服装策划内容、明确技术问题的管理架构最为重要。例如:

· 洞察市场的潜在需求,明确需求条件;

· 强化服装设计的技术,提高服装设计水准;

· 强化试板,解决生产前所产生的问题;

· 加强生产初期设计部门和生产部门的信息流动管理,在早期排除问题。

缩减实现品质与需求条件的差距

服装设计管理中的设计品质管理是在从产品策划、设计出图、制板、生产准备、生产、销售的顺序中进行传递的。服装设计工作由产品策划向设计出图传递时,便开始有了明确的需求条件。需求条件产生品质基准而演变为下一环节的需求条件,然后又产生品质基准,因此,经过各环节的逐步传递,销售给顾客的服装产品成为最终实现品质。顾客的需求条件与最终实现品质的差距越小则设计品质管理越好,设计品质管理就是在服装设计活动全过程中控制每个环节都不会产生差距或减少差距。简而言之,设计品质管理活动为:

第一,正确把握需求条件;

第二,明确需求品质;

第三,实现品质。

且能保证第三与第一始终保持一致。

服装设计项目品质测定初探

对于设计品质的测定在服装设计管理中还是一个挑战性的研究,因为作为服装设计品质的好坏主要是由顾客是否满意,是否符合消费市场的需求为界定目标的,而顾客是否满意又是由许多可变性因素决定的。与有物理特性的客观可测的物质产品不同(如电器的质量),设计品质包括许多心理因素,有很多感性的成分,这与服务品质的测定比较类似,都是感性的成分多。那么服务品质的测定工具是什么呢?是服务质量,是以服务质量差距模型为基础的调查客户满意程度的有效工具,它的五个尺度为有形性、可靠性、响应速度、信任和移情作用。这里尝试借用服务质量的测定工具来对设计品质进行测定,试称为设计品质。

设计品质方法调查

服装设计品质的五个尺度分为有形性(设施、设备、营销人员及店面的风格等)、可靠性(设计、尺码、工艺或设计无差错)、响应性(产品应季、满足顾客需求、专卖店服务及时等)、信任性(对产品或服务的信任)和移情作用(审美、情感上的共鸣)。设计品质具体内容由两部分构成:第一部分包含 20 个小项目,记录了顾客对服装服饰品牌的期望。第二部分也包括 20 个项目,度量消费者对被评价公司的真实感受。然后把这两部分的结果进行比较就得到五个尺度中每一方面的"差距分值"。差距越小,设计品质的评价就越高;相反,差距越大,设计品质的评价就越低。因此设计品质测定是一个包含 40 个项目的量表。

在下面某服装公司的案例中,列出了利用这种方法评价服装设计品质时使用的两部分问卷。在其中 20 个陈述中也可以看出该公司对设计品质最重要的几个方面的理解。

这种方法已经尝试在一些服装企业的设计品质测定中应用并得到了验证。设计品质测定有多种用途,但最主要的功能是通过定期的客户调查来找到设计品质的变化趋势。如果设计品质较差的话,设计管理者可进一步探索顾客不良印象的根源,并提出改进措施。设计品质也可用于市场调研,与竞争者的设计品质相比较,确定企业的设计品质在哪些地方优于对手,哪些地方逊于对手。

服装设计品质的得分是通过计算问卷中客户期望与顾客感知之差得到的,从下面公式可以看出,

设计品质(差距)=客户预期设计品质-客户感知设计品质。

案例分析

扫以下二维码,查看某服装公司设计品质方法调查表。

目标对手尺度法

衡量一个服装企业的设计品质可以通过将本企业同客户定位与自己相似的目标企业相比较来完成,这个方法就是目标对手尺度法。将目标企业作为自己的品质测量尺子,可以度量出自身设计品质的高低。目标对手尺度不一定是以一个企业做标尺,可以是几个。每一个品质要素,都有公司做得最好,当然也可以是同一家企业,它们就是做比较的基准和要衡量的尺度。目标对手尺度法不仅仅是统计数字的比较,还包括通过调研领先的公司,掌握他们实现杰出业绩的第一手资料。

对于这点有人要有所疑问了,"同行是冤家的说法已经是一个大家公认的事实,如何还可以调研到第一手的资料?"其实有多种解决方法,如购买其产品进行深入研究,通过问卷调查了解客户对其产品的评价。目标对手不一定仅局限在自己的行业里,可以是跨领域的设计企业或其他企业,毕竟设计是互通的,设计管理也是相似的。比如服装企业去调研宜家的客户管理,来学习提高客户忠诚度的方法。

以上是作者就设计品质测定方法的探讨和初步研究结果,不管哪种方法,为了更好地提高设计品质,对设计过程中每个环节设计品质的控制才是问题的关键。

课后习题

选择一个服装品牌,并运用设计品质方法设计一套调查表。

第十四章 | 服装设计的风险管理

　　风险就是对项目有影响的任何不确定事件和因素。即便是规划最周全的设计项目也可能出现风险，无论你规划得多详细，项目都可能出现意料之外的问题：团队人员可能缺席或退出、得不到所依赖的重要资源甚至是天气恶劣影响面料货期以致项目无法进行等。你可以使用风险管理来识别这些影响项目的潜在风险，分析风险发生的几率，对可避免的风险要采取措施进行预防，对不可避免的风险就要将其影响降到最小。

服装设计项目中的风险处理

　　规划设计项目时，风险本身是不确定的，因为它们还没产生，但是，在进行了多个服装设计项目管理后，就会发现某些项目中存在的风险，这时就要加以处理。风险处理有以下 4 种基本方法：

　　规避风险。规避风险是处理风险的最好方法。如果能预测出可能发生的风险，并避免其发生，就不会对项目造成影响。

　　减轻风险。面对无法避免的风险，就要尽力将其产生的影响减轻。指的是要采取有效措施，如提前做好紧急预案，从而减轻风险对项目的影响。

　　转移风险。转移风险就是付钱请别人替你承担风险。这是一种有效处理风险的方法，最常见的就是买保险。

　　接受风险。当某些风险无法规避、无法减轻也无法转移时，就只能去接受它。但是，接受风险的前提是你已经在做项目计划时考虑过各种解决方法，并且预判过接受风险的后果处在可承受的范围内。

服装设计项目中的风险管理计划

　　风险管理计划指导你去评估服装项目中可能出现的风险和风险负责人，以及多久做一次风险管理计划。你需要在整个服装项目进行期间和团队会议中讨论风险计划,风险管理计划中的几个内容对项目管理十分有用:

- 对风险进行分类;
- 发掘出一个风险分解结构图;
- 从出现几率与影响程度来帮助你判断风险的级别;
- 给出一个范围,用于判断风险出现的概率。

服装设计项目中的风险管理工具

常用风险管理工具是风险分解结构图,首先提出主要风险类别,然后将它们分解为更详细的类别(图 14-1)。

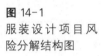
图 14-1
服装设计项目风
险分解结构图

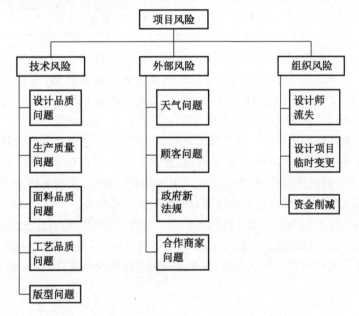

服装设计项目中的风险计划过程

一旦知道服装设计项目风险分解结构图,完成风险管理计划就容易了。风险管理工具可以为服装设计项目提出一个风险清单,分析这些风险可能对服装设计项目产生的影响,假设设计项目开展期间某个风险确实出现时,如何应对并做出风险预案(表 14-1)。

表 14-1　某服装公司的风险等级表

	识别出的风险	可能的应对	根本原因	类别	优先级	紧迫性
1	面料出现质量问题	多几家面料商合作减少风险	面料选购经验不足,对面料商了解不够	技术	高	中
2	生产质量问题	联系几家生产商并建立合作关系	工厂管理问题;季节性生产厂家短缺	技术	高	高
3	气候反常造成生产的服装滞销	将上市的周期拉长,分多批上市	天气预测的准确性难保证	外部	低	低
4	设计师大量辞职	多一些高校、工作室、独立设计师的资源	设计团队管理的问题	组织	中	高
5	临时设计项目的加入	固定设计项目,提前做计划	企业设计业务范围广,服装设计项目管理水平有待提高	组织	低	中

　　并不是所有风险都完全平等。其中一些很可能发生,而另外一些出现的几率不大。某个风险发生时可能会对设计项目造成灾难性影响,而另外一个风险可能只是浪费了某个人几分钟的时间。所以要甄别风险、判断其优先级和紧迫性。

　　甄别风险是风险管理的关键,主要有两点:

　　识别高级别风险点。通常技术风险、组织风险可以通过提升自身的设计管理水准来避免,而外部风险不容易预测,常常是突发情况比较多,所以先了解公司的状况,给出合理的风险计划,重点关注风险级别高的地方,在制定服装设计项目计划时作为结构分解点,配备更多的资源,如时间、人力或资金。

　　列出详细的风险清单。找到各个环节所有可能对风险有想法的人进行访谈,向他们询问哪些问题可能导致服装设计项目遇到麻烦,重点是分析每一个风险,找到并明确风险清单中的根本原因,其次是写出可行的应对方法,做好预案,降低风险的级别。

案例分析

　　扫以下二维码,查看团队组建初期服装设计师匮乏的风险管理案例。

扫以下二维码,查看团队稳定期服装设计师流失的风险管理。

课后习题

对创建的服装品牌运用所学知识画出风险等级表。

参 考 文 献

[1] 弗雷德里克·温斯洛·泰罗,马风才译.科学管理原理[M].北京:中国社会科学出版社,2014.

[2] 斯蒂芬·P·罗宾斯,刘刚等译.管理学[M].11版.北京:中国人民大学出版社,2013.

[3] 尹定邦.设计学概论[M].长沙:湖南科技技术出版社,2004.

[4] 彼得·多默.1945年以来的设计[M].梁梅译,成都:四川人民出版社,1998.

[5] 马克斯·韦伯,阎克文译.经济与社会[M].北京:商务印书馆,2004.

[6] 切斯特·巴纳德,王永贵译.经理人员的职能[M].北京:机械工业出版社,2013.

[7] 亚伯拉罕·哈罗德·马斯洛,许金声等译.动机与人格[M].3版.北京:中国人民大学出版社,2013.

[8] 彼得·德鲁克,齐若兰译.管理的实践[M].北京:机械工业出版社,2013.

[9] 汤重熹,曹瑞忻.产品设计理念与实务[M].安徽科学技术出版社,1998.

[10] 陈汗青,邵宏,彭自力.设计管理基础[M].北京:高等教育出版社,2009.

[11] 凯瑟琳·贝斯特,李琦等译.美国设计管理高级教程[M].上海人民美术出版社,2008.

[12] 王永贵.产品开发与管理[M].北京:清华大学出版社,2007.

[13] 徐人平.设计管理[M].北京:化学工业出版社,2009.

[14] 梁明玉,牟群.创意服装设计学[M].重庆:西南师范大学出版社,2011.

[15] 奥利维埃·杰瓦尔.时尚手册:时尚工作室与产品[M].北京:中国纺织出版社,2010.

[16] 刘国余.设计管理[M].2版.上海:上海交通大学出版社,2007.

[17] 刘瑞芬.设计程序与设计管理[M].北京:清华大学出版社,2006.

[18] 孙健.海尔的营销策略[M].北京:企业管理出版社,2002.

[19] 海军.设计管理:定制的设计、生活与生意[M].北京:中信出版集团有限公司,2013.

[20] 凯瑟琳·贝斯特,花景勇译.设计管理基础[M].长沙:湖南大学出版社,2012.

[21] 黄蔚等.设计管理欧美经典案例[M].北京:北京理工大学出版社,2004.

[22] 张乃仁.设计辞典[M].北京:北京理工大学出版社,2002.

[23] 张宪荣,张萱.设计美学[M].北京:化学工业出版社,2007.

[24] 冯利.服装设计学概论[M].上海:东华大学出版社,2010.

[25] 高亮,职秀梅.设计管理[M].长沙:湖南大学出版社,2011.

[26] 李俊,王云仪.服装商品企划学[M].2版.北京:中国纺织出版社,2010.

[27] 李艳.设计管理与创新设计:理论及应用案例[M].北京:化学工业出版社,2009.

[28] 赖茂生.信息资源管理教程[M].北京:清华大学出版社,2012.

[29] 何智明.服装设计实务[M].上海:东华大学出版社,2010.

[30] 张根东.管理学原理[M].兰州:甘肃人民出版社,2008.

[31] 杨以雄.服装生产管理[M].北京:东华大学出版社,2015.

[32] 管德明、崔荣荣.服装设计美学[M].北京:中国纺织出版社,2008.

[33] 格里夫·波伊尔.设计项目管理[M].北京:清华大学出版社,2009.

[34] 杨霖.产品设计开发计划[M].北京:清华大学出版社,2005.

[35] 吴波.服装设计表达[M].北京:清华大学出版社,2006.

[36] 徐伯初.工业设计程序与方法[M].北京:人民美术出版社,2010.

[37] 莎伦·李·塔特.服装·产业·设计师[M].5版.苏洁、范艺,等译.北京:中国纺织出版社,2008.

[38] 刘晓刚,李俊,曹宵洁.品牌服装设计[M].4版.东华大学出版社,2015.

[39] 周艳娇,唐新玲.上海服装设计工作室现状探析.纺织服装周刊[J].2010(42).

[40] Peter H. Lewis. Pairing People Management with Project Management[N]. *The New York Times*,April 11,1993.